职业教育"十三五"改革创新规划教材

金属加工与实训

——基础常识与技能训练练习册

王雪婷 黄 亮 主 编

赵学东 杨 伟 副主编

清华大学出版社

北 京

内 容 简 介

本书依据教育部 2009 年颁布的《中等职业学校金属加工与实训教学大纲》编写，是与清华大学出版社出版的由王雪婷、黄亮主编的《金属加工与实训——基础常识与技能训练》相配套的教学辅助教材。

本书共各单元练习题、模拟试卷、各单元练习题参考答案、模拟试卷参考答案四个部分，内容包括金属材料力学性能、常用金属材料、钢的热处理、铸造、锻压、焊接、金属切削加工基础知识、金属切削机床及其应用、钳工等。

本书既可作为中等职业教育学校工科类相关专业教材，也可作为职工培训用教材。

图书在版编目（CIP）数据

金属加工与实训. 基础常识与技能训练练习册/王雪婷，黄亮主编.--北京：清华大学出版社，2016（2023.8重印）

职业教育"十三五"改革创新规划教材

ISBN 978-7-302-41623-4

Ⅰ. ①金… Ⅱ. ①王… ②黄… Ⅲ. ①金属加工—中等专业学校—习题集 Ⅳ. ①TG

中国版本图书馆 CIP 数据核字（2015）第 228240 号

责任编辑：刘翰鹏
封面设计：张京京
责任校对：刘　静
责任印制：曹婉颖

出版发行：清华大学出版社
　　　网　　　址：http://www.tup.com.cn，http://www.wqbook.com
　　　地　　　址：北京清华大学学研大厦 A 座　　　　　邮　　编：100084
　　　社　总　机：010-83470000　　　　　　　　　　　邮　　购：010-62786544
　　　投稿与读者服务：010-62776969，c-service@tup.tsinghua.edu.cn
　　　质量反馈：010-62772015，zhiliang@tup.tsinghua.edu.cn
印　装　者：北京建宏印刷有限公司
经　　　销：全国新华书店
开　　　本：185mm×260mm　　　印　张：6　　　　　字　　数：135 千字
版　　　次：2016 年 2 月第 1 版　　　　　　　　　　印　　次：2023 年 8 月第 5 次印刷
定　　　价：16.00 元

产品编号：066259-01

FOREWORD 前言

本书依据教育部 2009 年颁布的《中等职业学校金属加工与实训教学大纲》编写，是与清华大学出版社出版的由王雪婷、黄亮主编的《金属加工与实训——基础常识与技能训练》相配套的教学辅助教材。

本书基本上将主教材《金属加工与实训——基础常识与技能训练》中的全部练习题进行了解答或提示，并增加了少量练习题和基本概念解释。此外，为了方便任课教师评价教学效果，学生评估学习效果，还根据教学需要编写了模拟试卷及其标准答案，供师生选用。模拟试卷所涉及的考核内容基本上覆盖各单元主要内容的知识点和基本的教学要求，题型种类多，考题数量合理，没有难题和怪题，针对性强，便于学生复习和自学考核，也便于教师根据教学要求进行组卷。

本书共各单元练习题、模拟试卷、各单元练习题参考答案、模拟试卷参考答案四个部分，内容包括金属材料力学性能、常用金属材料、钢的热处理、铸造、锻压、焊接、金属切削加工基础知识、金属切削机床及其应用、钳工等。

本书由王雪婷、黄亮担任主编，王雪婷编写第一部分和第三部分，黄亮编写第二部分和第四部分。

由于编者水平有限，书难免有不妥之处，恳请广大读者批评指正。本书在编写过程中参考了大量的文献资料，在此向文献资料的作者致以诚挚的谢意。

编　者
2015 年 10 月

CONTENTS 目 录

第一部分

各单元练习题

绪　论

一、基本概念解释

1. 金属

2. 金属材料

3. 合金

4. 钢铁材料

5. 非铁金属

二、填空题

1. 金属材料包括_____和_____。

2. 金属材料种类繁多，为了分类方便，又可将金属材料分为_____材料和非铁_____两大类。

3. 钢铁材料主要是由_____和_____组成的合金。

4. 钢铁材料按其碳的质量分数 w_C（含碳量）进行分类，可分为_____纯铁（$w_C <$ 0.0218%）、_____（w_C＝0.0218%～2.11%）和_____铸铁或生铁（$w_C >$ 2.11%）。

5. 钢按碳的质量分数 w_C 和室温组织的不同，可分为_____共析钢（0.0218% < $w_C <$ 0.77%）、共析钢（w_C＝0.77%）和_____共析钢（0.77% < $w_C \leqslant$ 2.11%）。

6. 白口铸铁按碳的质量分数 w_C 和室温组织的不同，可分为_____共晶白口铸铁（2.11% < $w_C <$ 4.3%）、共晶白口铸铁（w_C＝4.3%）和_____共晶白口铸铁（4.3% < $w_C <$ 6.69%）。

7. 生铁是由铁矿石经_____冶炼获得的，它是炼钢和铸件生产的主要原材料。

8. 钢材按脱氧程度的不同，可分为_____镇静钢（TZ）、镇静钢（Z）、_____镇静钢（b）和沸腾钢（F）四种。

9. 非铁金属（或称有色金属）是指除_____、_____、锰以外的所有金属及其合金。

10. 非铁金属按密度大小分类，通常可分为_____金属（金属密度小于 $5 \times 10^3 \, \text{kg/m}^3$）和_____金属（金属密度大于 $5 \times 10^3 \, \text{kg/m}^3$）。

11. 非铁金属按熔点的高低分类，可分为_____熔金属和_____熔金属。

12. 金属加工方法主要包括_____加工和_____加工两大类。

13. 热加工主要包括铸造、_____、_____、热处理等加工方法，它们主要用于生产金属毛坯，如铸件、锻件、焊件等。

三、判断题

1. 金属材料是由金属元素或以金属元素为主要材料，其他金属或非金属元素为辅构成的，并具有金属特性的工程材料。（   ）

2. 合金是指两种或两种以上的金属元素或金属与非金属元素组成的金属材料。（   ）

3. 钢铁材料（或称黑色金属）是指以铁或以铁为主而形成的金属材料。（   ）

4. 沸腾钢的质量最好。（   ）

四、简答题

1. 为什么要将金属制品的加工分为热加工（毛坯制造阶段）和冷加工（切削加工阶段）？

2. 在金属加工企业工作或实习过程中,应注意哪些基本安全事项?

五、交流与探讨活动

1. 同学之间相互交流与探讨,为什么在春秋战国时期,军队的兵器广泛采用青铜制造,而没有采用钢材制造呢?

2. 同学之间相互交流与探讨,如何节约有限的金属矿产资源和金属材料?

第一单元　金属材料的力学性能

一、基本概念解释

1. 使用性能

2. 工艺性能

3. 强度

4. 屈服强度

5. 抗拉强度

6. 塑性

7. 硬度

8. 韧性

9. 疲劳

二、填空题

1. 金属材料的性能包括_____性能和_____性能。

2. 使用性能包括_____性能、_____性能和_____性能。

3. 根据载荷大小、方向和作用点是否随时间变化,可以将载荷分为_____载荷和_____载荷。

4. 根据载荷对杆件变形的作用,可将载荷分为_____载荷、压缩载荷、_____载荷、剪切载荷和扭转载荷等。

5. 金属在外力作用下,将会发生变形和破坏,其一般变化过程是:_____变形→_____变形→断裂。

6. 塑性变形是指金属在断裂前发生的不可逆_____变形。

7. 金属材料的力学性能指标可分为_____、_____、_____、韧性和疲劳强度等。

8. 金属材料的强度指标主要有:_____、_____、_____等。

9. 工程上广泛使用的表征材料塑性大小的主要指标是:断后_____率和断面_____率。

10. 某一圆钢的 $R_{eL}=360\text{MPa}$,$R_m=610\text{MPa}$,横截面积是 $S_0=100\text{mm}^2$,当拉伸力达到_____N 时,圆钢将出现屈服现象;当拉伸力达到_____N 时,圆钢开始出现缩颈并逐渐发生断裂。

11. 常用的硬度表示方法有_____氏硬度、_____氏硬度和_____氏硬度。

12. 250HBW10/1000/30 表示用直径是 ＿＿＿＿＿＿＿＿＿ mm 的压头,压头材质是 ＿＿＿＿＿＿＿＿＿,在＿＿＿＿＿＿ kgf(9.807kN)压力下,保持＿＿＿＿＿＿ s,测得的＿＿＿＿＿＿ 硬度值是＿＿＿＿＿＿。

13. 在测试洛氏硬度时,需要至少测取＿＿＿＿＿＿个不同位置的硬度值,然后再计算这 ＿＿＿＿＿＿点硬度的平均值作为被测材料的硬度值。

14. 夏比摆锤冲击试样有＿＿＿＿＿＿形缺口试样和＿＿＿＿＿＿形缺口试样两种。

15. 吸收能量的符号是＿＿＿＿＿＿,其单位是＿＿＿＿＿＿＿＿＿。

16. 金属材料的疲劳断裂断口一般由＿＿＿＿＿＿、＿＿＿＿＿＿＿＿和 ＿＿＿＿＿＿＿＿＿组成。

17. 物理性能包括密度、＿＿＿＿＿＿、＿＿＿＿＿＿性、导电性、热膨胀性和磁性等。

18. 化学性能包括耐腐蚀性、＿＿＿＿＿＿性和＿＿＿＿＿＿性等。

19. 金属材料的工艺性能主要有铸造性能、＿＿＿＿＿＿性能、＿＿＿＿＿＿性能、冷加工工 艺性能、热处理工艺性能等。

三、单项选择题

1. 拉伸试验时,拉伸试样拉断前能承受的最大标称应力称为材料的＿＿＿＿＿＿。
   　　A. 屈服强度　　　　　　B. 抗拉强度

2. 金属在力的作用下,抵抗永久变形和断裂的能力称为＿＿＿＿＿＿。
   　　A. 硬度　　　　　　　　B. 塑性　　　　　　　　C. 强度

3. 测定退火钢材的硬度时,一般常选用＿＿＿＿＿＿来测试。
   　　A. 布氏硬度计　　　　　B. 洛氏硬度计

4. ＿＿＿＿＿＿硬度主要用于直接检验成品或半成品的硬度,特别适合检验经过淬火的 零件。
   　　A. 布氏　　　　　　　　B. 洛氏

5. 做冲击试验时,试样承受的载荷是＿＿＿＿＿＿。
   　　A. 静载荷　　　　　　　B. 冲击载荷

6. ＿＿＿＿＿＿好的金属材料不仅能顺利地进行锻压、轧制等成型工艺,而且在使用过 程中如果发生超载,则由于塑性变形,可以避免或缓冲突然断裂。
   　　A. 强度　　　　　　　　B. 塑性　　　　　　　　C. 硬度

7. 金属材料的韧脆转变温度越低,说明金属材料的低温抗冲击性越＿＿＿＿＿＿。
   　　A. 好　　　　　　　　　B. 差

四、判断题

1. 金属受外力作用后导致金属内部之间相互作用的力,称为内力。 （　　　）
2. 弹性变形会随载荷的去除而消失。 （　　　）
3. 所有金属材料在拉伸试验时都会出现显著的屈服现象。 （　　　）
4. 同一种金属材料的断后伸长率的 A 和 $A_{11.3}$ 数值是相等的。 （　　　）
5. 测定金属的布氏硬度时,当试验条件相同时,压痕直径越小,则金属的硬度越低。
   　　　　　　　　　　　　　　　　　　　　　　　　　　　　　　　　　（　　　）

6. 洛氏硬度值是根据压头压入被测金属材料的残余压痕深度增量来确定的。

                                                          （   ）

7. 吸收能量 K 对温度不敏感。   （   ）

8. 金属材料疲劳断裂时不产生明显的塑性变形，断裂是突然发生的。   （   ）

9. 疲劳断裂一般是由金属材料内部的气孔、疏松、夹杂、表面划痕、缺口、应力集中等引起的。   （   ）

10. 在金属材料中灰铸铁和青铜的铸造性能较好。   （   ）

五、简答题

1. 退火低碳钢试样从开始拉伸到断裂要经过几个阶段？

2. 采用布氏硬度试验测取金属材料的硬度值有哪些优点和缺点？

3. 吸收能量与温度之间有何关系？

4. 金属发生疲劳断裂的主要特征有哪些？

六、课外调研活动

1. 观察你周围的工具、器皿和零件等，分析其性能（使用性能和工艺性能）有哪些要求？

2. 列表分析屈服强度、硬度、吸收能量、疲劳强度等力学性能指标主要应用在哪些场合?

第二单元 常用金属材料

一、填空题

1. 非合金钢按其碳的质量分数高低进行分类,可分为_____碳钢、_____碳钢和_____碳钢三类。

2. 非合金钢按其主要质量等级进行分类,可分为_____非合金钢、_____非合金钢和特殊质量非合金钢三类。

3. 非合金钢按其用途进行分类,可分为碳素_____钢和碳素_____钢。

4. 碳素结构钢的质量等级可分为_____、_____、_____、_____四类。

5. T10A钢按其用途进行分类,属于_____钢;T10A钢按其碳的质量分数进行分类,属于_____钢;T10A钢按其主要质量等级进行分类,属于_____钢。

6. 40号钢按其用途进行分类,属于_____钢;40号钢按其主要质量等级分类,属于_____钢。

7. 低合金钢按其主要质量等级进行分类,可分为_____低合金钢、_____低合金钢和特殊质量低合金钢三类。

8. 合金钢按其主要质量等级进行分类,可分为_____合金钢和_____合金钢两类。

9. 机械结构用合金钢按其用途和热处理特点进行分类,可分为_____钢、_____钢、_____钢和超高强度钢等。

10. 60Si2Mn是_____钢,它的最终热处理方法是_____。

11. 超高强度钢一般是指$R_{eL}>$_____MPa、$R_m>$_____MPa的特殊质量合金结构钢。

12. 高速工具钢经淬火和回火后,可以获得高_____、高_____和高热硬性。

13. 不锈钢是指以不锈、耐蚀性为主要特性,且铬的质量分数至少为_____,碳的质量分数最大不超过_____的钢。

14. 按使用时的组织特征分类,不锈钢可分为_____型不锈钢、_____型不锈钢、_____型不锈钢、奥氏体-铁素体型不锈钢和沉淀硬化型不锈钢五类。

15. 钢的耐热性包括钢在高温下具有 ＿＿＿＿＿＿ 和 ＿＿＿＿＿＿ 两个方面。

16. 特殊物理性能钢包括 ＿＿＿＿ 磁钢、＿＿＿＿ 磁钢、＿＿＿＿ 磁钢以及特殊弹性钢、特殊膨胀钢、高电阻钢及合金等。

17. 铸造合金钢包括一般工程与结构用低合金铸钢、＿＿＿＿ 低合金铸钢、＿＿＿＿ 铸钢三类。

18. 铸铁包括 ＿＿＿＿ 铸铁、＿＿＿＿ 铸铁、＿＿＿＿ 铸铁、＿＿＿＿ 铸铁、蠕墨铸铁、合金铸铁等。

19. 灰铸铁具有优良的 ＿＿＿＿ 性能、良好的 ＿＿＿＿ 性能、较低的 ＿＿＿＿ 敏感性、良好的切削加工性和减摩性。但抗拉强度、塑性和韧性比钢低得多。

20. 按退火方法进行分类,可锻铸铁可分为 ＿＿＿＿ 可锻铸铁、＿＿＿＿ 可锻铸铁和白心可锻铸铁。

21. 常用的合金铸铁有 ＿＿＿＿ 铸铁、＿＿＿＿ 铸铁及 ＿＿＿＿ 铸铁等。

22. 纯铝的密度是 ＿＿＿＿ g/cm³,属于 ＿＿＿＿ 金属;纯铝的熔点是 ＿＿＿＿ ℃,无铁磁性。

23. 变形铝合金按其特点和用途进行分类,可分为 ＿＿＿＿ 铝、＿＿＿＿ 铝、＿＿＿＿ 铝、＿＿＿＿ 铝等。

24. 铸造铝合金主要有:＿＿＿＿ 系、＿＿＿＿ 系、＿＿＿＿ 系和 ＿＿＿＿ 系等合金。

25. 铝合金的时效方法可分为 ＿＿＿＿ 时效和 ＿＿＿＿ 时效两种。

26. 铜合金按其化学成分进行分类,可分为 ＿＿＿＿ 铜、＿＿＿＿ 铜和 ＿＿＿＿ 铜三类。

27. 普通黄铜是由 ＿＿＿＿ 和 ＿＿＿＿ 组成的铜合金;在普通黄铜中再加入其他元素形成的铜合金称为 ＿＿＿＿ 黄铜。

28. 普通白铜是由 ＿＿＿＿ 和 ＿＿＿＿ 组成的铜合金;在普通白铜中再加入其他元素形成的铜合金称为 ＿＿＿＿ 白铜。

29. 钛合金按其退火后的组织形态进行分类,可分为 ＿＿＿＿ 型钛合金、＿＿＿＿ 型钛合金和 ＿＿＿＿ 型钛合金。

30. 镁合金受到冲击载荷时,其吸收能量比铝合金高约 50%,因此,镁合金具有良好的 ＿＿＿＿ 性能和 ＿＿＿＿ 性能。

31. 镁合金包括 ＿＿＿＿ 镁合金和 ＿＿＿＿ 镁合金两大类。

32. 常用的滑动轴承合金有 ＿＿＿＿ 基、＿＿＿＿ 基、＿＿＿＿ 基、＿＿＿＿ 基滑动轴承合金等。

33. 工程材料主要是指 ＿＿＿＿ 材料,是指用于制造机械、车辆、建筑、船舶、桥梁、化工、石油、矿山、冶金、仪器仪表、航空航天、国防等领域的工程结构件的 ＿＿＿＿ 材料。

34. 工程材料按其组成特点进行分类,可分为 ＿＿＿＿ 材料、＿＿＿＿ 材料、＿＿＿＿ 高分子材料和复合材料四大类。

35. 陶瓷按其成分和来源进行分类,可分为 ＿＿＿＿ 陶瓷(传统陶瓷)和 ＿＿＿＿ 陶瓷(近代陶瓷)两大类。

36. 有机高分子材料按其用途和使用状态进行分类,可分为_____、_____、胶粘剂、合成纤维等。

37. 不同材料复合后,通常是其中一种材料作为_____材料,起粘结作用;另一种材料作为增强剂材料,起_____作用。

38. 复合材料按其增强剂种类和结构形式进行分类,可分为_____增强复合材料、_____增强复合材料和_____增强复合材料三类。

二、单项选择题

1. 08 钢牌号中,"08"是表示钢的平均碳的质量分数是_____。
   A. 8%   B. 0.8%   C. 0.08%

2. 在下列三种钢中,_____的弹性最好,_____的硬度最高,_____的塑性最好。
   A. T10 钢   B. 65 号钢   C. 10 号钢

3. 选择制造下列零件的钢材:冷冲压件用_____;齿轮用_____;小弹簧用_____。
   A. 10 号钢   B. 70 号钢   C. 45 号钢

4. 选择制造下列工具所用的钢材:木工工具用_____;锉刀用_____;手锯锯条用_____。
   A. T12 钢   B. T10 钢   C. T7A 钢

5. 合金渗碳钢件经过渗碳后必须进行_____后才能投入使用。
   A. 淬火加低温回火   B. 淬火加中温回火   C. 淬火加高温回火

6. 将下列合金钢牌号进行归类。耐磨钢:_____;合金弹簧钢:_____;合金模具钢:_____;不锈钢:_____。
   A. 60Si2Mn   B. ZGMn13-2   C. Cr12MoV   D. 10Cr17

7. 为下列零件正确选材:机床主轴用_____;汽车与拖拉机的变速齿轮用_____;减振板弹簧用_____;滚动轴承用_____;拖拉机履带用_____。
   A. GCr15 钢   B. 40Cr 钢   C. 20CrMnTi 钢   D. 60Si2MnA 钢
   E. ZGMn13-3 钢

8. 为下列工具正确选材:高精度丝锥用_____;热锻模用_____;冷冲模用_____;麻花钻头用_____。
   A. Cr12MoV 钢   B. CrWMn 钢   C. W18Cr4V 钢   D. 5CrNiMo 钢

9. 为下列零件正确选材:机床床身用_____;汽车后桥外壳用_____;柴油机曲轴用_____;排气管用_____。
   A. RuT300   B. QT700-2   C. KTH350-10   D. HT300

10. 为下列零件正确选材:轧辊用_____;炉底板用_____;耐酸泵用_____。
    A. HTSSi11Cu2CrRE   B. HRTCr16   C. 抗磨铸铁

11. 将相应牌号填入空格内。硬铝:_____;防锈铝:_____;超硬铝:_____;铸造铝合金:_____;铅黄铜:_____;铍青铜:_____。
    A. HPb59-1   B. 5A05(LF5)   C. 2A06(LY6)   D. ZAlSi12

E. 7A04(LC4)　　　F. QBe2

12. 5A03(LF3)是_____铝合金,属于热处理_____的铝合金。

　　A. 铸造　　　　　B. 变形　　　　　C. 能强化　　　　　D. 不能强化

13. 某一金属材料的牌号是 T3,它是_____。

　　A. 碳的质量分数是 3％的碳素工具钢

　　B. 3 号加工铜

　　C. 3 号工业纯钛

14. 某一金属材料的牌号是 QT450-10,它是_____。

　　A. 低合金高强度结构钢　　　　　　B. 球墨铸铁

　　C. 钛合金　　　　　　　　　　　　D. 青铜

15. 将相应牌号填入空格内。普通黄铜:_____;特殊黄铜:_____;锡青铜:_____。

　　A. H90　　　　　B. QSn4-3　　　　　C. HAl77-2

三、判断题

1. T12A 钢的碳的质量分数是 12％。　　　　　　　　　　　　　　　　（　　）

2. 高碳钢的质量优于中碳钢,中碳钢的质量优于低碳钢。　　　　　　　（　　）

3. 碳素工具钢的碳的质量分数一般都大于 0.7％。　　　　　　　　　　（　　）

4. 铸钢可用于铸造生产形状复杂而力学性能要求较高的零件。　　　　　（　　）

5. 合金工具钢是指用于制造量具、刃具、耐冲击工具、模具等的钢种。　（　　）

6. 3Cr2W8V 钢一般用来制造冷作模具。　　　　　　　　　　　　　　（　　）

7. GCr15 钢是高碳铬轴承钢,其铬的质量分数是 15％。　　　　　　　（　　）

8. Cr12MoVA 钢是不锈钢。　　　　　　　　　　　　　　　　　　　（　　）

9. 40Cr 钢是最常用的合金调质钢。　　　　　　　　　　　　　　　　（　　）

10. 软磁钢是指钢材容易被反复磁化,并在外磁场去除后磁性基本消失的特殊物理性能钢。　　　　　　　　　　　　　　　　　　　　　　　　　　　　　（　　）

11. 可锻铸铁比灰铸铁的塑性好,因此,可以进行锻压加工。　　　　　　（　　）

12. 可锻铸铁一般只适用于制作薄壁小型铸件。　　　　　　　　　　　（　　）

13. 变形铝合金不适合于压力加工。　　　　　　　　　　　　　　　　（　　）

14. 变形铝合金都不能用热处理强化。　　　　　　　　　　　　　　　（　　）

15. 特殊黄铜是不含锌元素的黄铜。　　　　　　　　　　　　　　　　（　　）

16. 工业纯钛的牌号有 TA1、TA2、TA3、TA4 四个牌号,顺序号越大,杂质含量越多。　　　　　　　　　　　　　　　　　　　　　　　　　　　　　　（　　）

17. 镁合金的密度略比塑料大,但在同样强度情况下,镁合金的零件可以做得比塑料薄而且轻。　　　　　　　　　　　　　　　　　　　　　　　　　　　（　　）

18. 陶瓷材料是无机非金属材料的统称,是用天然的或人工合成的粉状化合物,通过成型和高温烧结而制成的多晶体固体材料。　　　　　　　　　　　　　　（　　）

19. 复合材料是由两种或两种以上不同性质的材料,通过物理或化学的方法,在宏观（微观)上组成的具有新性能的材料。　　　　　　　　　　　　　　　　（　　）

四、简答题

1. 耐磨钢常用牌号有哪些？耐磨钢为什么具有良好的耐磨性？

2. 冷作模具钢与热作模具钢在碳的质量分数和热处理工艺方面有何不同？

3. 高速工具钢有何性能特点？高速工具钢主要应用在哪些方面？

4. 下列钢材牌号属何类钢？其数字和符号各表示什么？
① Q420B
② Q355NHC
③ 20CrMnTi
④ 9CrSi
⑤ 50CrVA
⑥ GCr15SiMn
⑦ Cr12MoV
⑧ W6Mo5Cr4V2
⑨ 10Cr17

5. 下列铸铁牌号属何类铸铁？其数字和符号各表示什么？
① HT250
② QT500-7
③ KTH350-10
④ KTZ550-04
⑤ KTB380-12
⑥ RuT300
⑦ RTSi5

6. 铝合金热处理强化的原理与钢热处理强化的原理有何不同?

7. 滑动轴承合金的组织状态有哪些类型? 各有何特点?

五、课外调研活动

1. 观察你周围的工具、器皿和零件等,它们是选用什么材料制造的? 分析其性能(使用性能和工艺性能)有哪些要求?

2. 针对某一新材料,请查阅相关资料,并向其他同学介绍其性能特点和用途。

第三单元　钢的热处理

一、填空题

1. 常用的加热设备主要有箱式电阻炉、_____炉、_____炉、火焰加热炉等。

2. 常用的冷却设备主要有_____槽、_____槽、盐浴、缓冷坑、吹风机等。

3. 热处理的工艺过程一般由_____、_____和_____三个阶段组成。

4. 根据零件热处理的目的、加热和冷却方法的不同,热处理工艺可分为_____热处理、表面热处理和_____热处理三大类。

5. 热处理按其工序位置和目的的不同，又可分为_____热处理和_____热处理。

6. 整体热处理是对工件整体进行_____加热的热处理。它包括_____火、_____火、淬火、淬火和回火、调质、固溶处理、水韧处理、固溶处理和时效。

7. 根据钢铁材料化学成分和退火目的不同，退火一般分为_____退火、不完全退火、等温退火、_____退火、_____退火、均匀化退火等。

8. 常用的淬火冷却介质有_____、_____、水溶液（如盐水、碱水等）、熔盐、熔融金属、空气等。

9. 常用的淬火方法有_____淬火、_____淬火、_____分级淬火和等温淬火。

10. 根据淬火钢件在回火时的加热温度进行分类，可将回火分为_____回火、_____回火和高温回火三种。

11. 钢件_____火加_____回火的复合热处理工艺又称为调质处理。

12. 常用的时效方法主要有自然时效、_____时效、热时效、_____时效、_____时效和沉淀硬化时效等。

13. 表面淬火按加热方法的不同，可分为_____淬火、_____淬火、接触电阻加热淬火、激光淬火、电子束淬火等。

14. 根据交流电流的频率进行分类，感应淬火分为_____频感应淬火、_____频感应淬火和工频感应淬火三类。

15. 气相沉积按其过程的本质进行分类，可分为_____气相沉积和_____气相沉积两大类。

16. 化学热处理方法主要有渗_____、渗_____、碳氮共渗、渗硼、渗硅、渗_____等。

17. 化学热处理由_____、吸收和_____三个基本过程组成。

18. 根据渗碳介质的物理状态进行分类，渗碳可分为_____渗碳、_____渗碳和固体渗碳，其中_____渗碳应用最广泛。

19. 目前常用的渗氮方法主要有_____渗氮和_____渗氮两种。

20. 形变热处理是将塑性_____和_____处理结合，以提高工件力学性能的复合工艺，如工件锻后余热淬火、热轧淬火等。

二、单项选择题

1. 为了改善高碳钢（$w_C > 0.6\%$）的切削加工性能，一般选择_____作为预备热处理。

    A. 退火　　　　B. 淬火　　　　C. 正火　　　　D. 回火

2. 过共析钢的淬火加热温度应选择在_____，亚共析钢的淬火加热温度则应选择在_____。

    A. $Ac_1 + (30 \sim 50)℃$　　　B. Ac_{cm}以上　　　C. $Ac_3 + (30 \sim 50)℃$

3. 调质处理就是_____的复合热处理工艺。

    A. 淬火＋高温回头　　　　B. 淬火＋中温回火　　　　C. 淬火＋低温回火

4. 各种卷簧、板簧、弹簧钢丝及弹性元件等，一般采用_____进行处理。

    A. 淬火＋高温回头　　　　B. 淬火＋中温回火　　　　C. 淬火＋低温回火

5. 感应淬火时，如果钢件表面的淬硬层深度要求较大（大于 10mm）时，可选择____。

    A. 高频感应淬火　　　　　B. 中频感应淬火　　　　　C. 工频感应淬火

6. 化学热处理与表面淬火的基本区别是_____。

    A. 加热温度不同　　　　　B. 组织有变化　　　　　　C. 改变表面化学成分

7. 零件渗碳后，一般需经_____处理，才能达到表面高硬度和高耐磨性目的。

    A. 正火　　　　　　　　　B. 淬火＋低温回火　　　　C. 调质

三、判断题

1. 热处理的基本原理是借助铁碳合金相图，通过钢在加热和冷却时内部组织发生相变的基本规律，使钢材（或零件）获得人们需要的组织和使用性能，从而实现改善钢材性能目的。　　　　　　　　　　　　　　　　　　　　　　　　　　　　（　　）

2. 钢材适宜切削加工的硬度范围一般是 170～270HBW。　　　　　　　　（　　）

3. 球化退火主要用于过共析钢和共析钢制造的刃具、风动工具、木工工具、量具、模具、滚动轴承件等。　　　　　　　　　　　　　　　　　　　　　　　　　（　　）

4. 高碳钢可用正火代替退火，以改善其切削加工性。　　　　　　　　　（　　）

5. 马氏体的硬度主要取决于马氏体中碳的质量分数高低，其中碳的质量分数越高，则其硬度也越高。　　　　　　　　　　　　　　　　　　　　　　　　　　（　　）

6. 一般来说，淬火钢随回火温度的升高，强度与硬度降低而塑性与韧性提高。

                                               （　　）

7. 工件进行时效处理的目的是消除工件的内应力，稳定工件的组织和尺寸，改善工件的力学性能等。　　　　　　　　　　　　　　　　　　　　　　　　　　　（　　）

8. 大型钢铁铸件、锻件、焊接件等进行时效时，常采用人工时效。　　　（　　）

9. 钢件感应淬火后，一般需要进行高温回火　　　　　　　　　　　　　（　　）

10. 渗氮是指在一定温度下于一定渗氮介质中，使氮原子渗入工件表层的化学热处理工艺。　　　　　　　　　　　　　　　　　　　　　　　　　　　　　　　（　　）

11. 钢件渗氮后一般不需热处理（如淬火），渗氮后的表面硬度可达 68～72HRC。

                                               （　　）

四、简答题

1. 完全退火、球化退火与去应力退火在加热温度和应用方面有何不同？

2. 正火与退火相比有何特点？

3. 淬火的目的是什么？亚共析钢和过共析钢的淬火加热温度应如何选择？

4. 回火的目的是什么？工件淬火后为什么要及时进行回火？

5. 高温回火、中温回火和低温回火在加热温度、所获得的室温组织、硬度及其应用方面有何不同？

6. 表面淬火的目的是什么？

7. 渗氮的目的是什么？

8. 用低碳钢(20号钢)和中碳钢(45号钢)制造传动齿轮,为了使传动齿轮表面获得高硬度和高耐磨性,而心部具有一定的强度和韧性,各需采取怎样的热处理工艺?

9. 某种磨床用齿轮,采用40Cr钢制造,其性能要求是:齿部表面硬度是52～58HRC,齿轮心部硬度是220～250HBW。该齿轮加工工艺流程是:下料→锻造→热处理①→机械加工(粗)→热处理②→机械加工(精加工)→检验→成品。试分析"热处理①"和"热处理②"具体指何种热处理工艺? 其目的是什么?

10. 如图1-3-1所示是CrWMn钢制量块的最终热处理工艺规范图。请你根据图中所标的数字和工艺流程,说明它们的工艺含义及量块的最终热处理工艺过程。

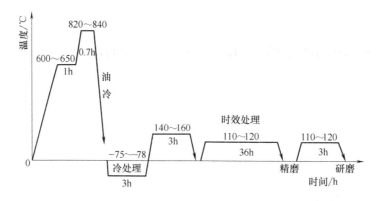

图 1-3-1　CrWMn 钢制量块的最终热处理工艺规范图

五、课外调研活动

1. 观察你周围的工具、器皿和零件等,交流与分析其制作材料和性能(使用性能和工艺性能),它们是选用哪些热处理方法进行处理的?

2. 同学之间相互交流与探讨,分析为什么钢件在热处理过程中总是需要进行"加热→保温→冷却"这些过程呢?

第四单元 铸 造

一、填空题

1. 铸造方法很多,通常分为_____铸造和_____铸造两大类。

2. 砂型铸造用的材料主要包括_____砂(型砂和芯砂)、_____剂(黏土、膨润土、水玻璃、植物油、树脂等)、各种_____物(煤粉或木屑等)、旧砂和水。

3. 为了获得合格的铸件,造型材料应具备一定的强度、_____性、_____性、_____性、退让性等性能。

4. 手工造型方法有_____造型、_____造型、_____造型、_____造型、_____造型、_____造型和_____造型等。

5. 机器造型常用的紧砂方法有震实、_____、震压、_____、射压等几种方式,其中以震压和射压造型方式应用最广。

6. 手工制芯方法可分为_____式芯盒制芯、_____式芯盒制芯、_____式芯盒制芯三种。

7. 浇注系统一般由_____杯、_____浇道、_____浇道和_____浇道组成。

8. 如果浇注系统设计不合理,铸件易产生冲砂、_____眼、_____渣、浇不到、_____孔和缩孔等缺陷。

9. 合型(或合箱)是指将铸型的各个组元(如_____砂型、_____砂型、型芯、浇口杯等)组合成一个完整铸型的操作过程。

10. 清理的主要任务是去除铸件上的_____系统、_____口、型芯、粘砂以及飞边毛刺等部分。

11. 离心铸造的铸型在离心铸造机上根据需要可绕_____轴旋转(或倾斜轴旋转),也可绕_____轴旋转。

12. 特种铸造包括金属型铸造、_____铸造、_____铸造、_____铸造、低压铸造等。

二、判断题

1. 分型面是铸型组元间的接合面,即上砂型与下砂型的分界面。 ( )

2. 芯头可以形成铸件的轮廓,并对型芯进行准确定位和支承。 ( )

3. 起模斜度是为了使模样容易从铸型中取出或芯子自芯盒脱出,平行于起模方向在

模样或芯盒壁上设置的斜度。　　　　　　　　　　　　　　　　　　　（　　）

4. 如果浇注温度过低,则熔融金属流动性变差,铸件会产生浇不到、冷隔等缺陷。

（　　）

5. 零件、模样和铸件三者之间没有差别。　　　　　　　　　　　　　　（　　）

6. 熔模铸造的铸型是一个整体,无分型面,它是通过熔化模样起模的。　（　　）

7. 离心铸造是指液态金属在重力的作用下充型、凝固并获得铸件的铸造方法。

（　　）

三、简答题

1. 铸造生产有哪些特点?

2. 分模造型有哪些特点? 其应用范围是哪些?

3. 如图 1-4-1 所示辊筒铸件只生产一件,该铸件的造型和制芯分别采用什么方法? 请叙述其主要操作过程。

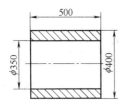

图 1-4-1　辊筒铸件

4. 如图 1-4-2 所示两种支架铸件只生产一件,该铸件可采用什么造型方法? 请叙述

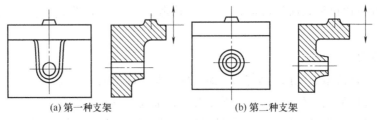

(a) 第一种支架　　　　　　　(b) 第二种支架

图 1-4-2　支架铸件

其主要操作过程。

5. 浇注系统的主要作用是什么？

6. 金属型铸造有哪些特点？

四、课外调研活动

1. 观察你周围的工具、器皿和零件等,交流与分析其制作材料和性能(使用性能和工艺性能),它们是选用哪些铸造方法制造的？

2. 同学之间相互交流与探讨,分析健身哑铃(见图 1-4-3)可采用哪些铸造方法进行生产呢？简述健身哑铃的铸造生产工艺流程。

图 1-4-3　健身哑铃

第五单元 锻 压

一、填空题

1. 一般来说,金属的塑性好,变形抗力_____,则金属的可锻性就_____;反之,金属的塑性差,变形抗力大,则金属的可锻性就_____。

2. 金属单晶体的变形方式主要有_____移和_____晶两种。

3. 随着金属冷变形程度的增加,金属的_____和硬度指标逐渐提高,但_____和韧性指标逐渐下降的现象称为冷变形强化。

4. 对冷变形后的金属进行加热时,金属将相继发生_____复、_____结晶和晶粒长大三个变化。

5. 加热的目的是提高金属的_____和韧性,降低金属的变形抗力,以改善金属的_____性和获得良好的锻后组织。

6. 锻造温度范围是指_____锻温度与_____锻温度之间形成的温度间隔。

7. 自由锻基本工序包括_____粗、_____长、_____孔、扩孔、切割、弯曲、锻接、错移、扭转等。

8. 目前自由锻设备主要有_____锤、蒸汽-空气锤、_____机等。

9. 吊钩等弯曲件的锻造工序主要是_____。

10. 根据功用不同,模膛可分为_____模膛和_____模膛两大类。

11. 常用的胎模有_____模、套筒模、_____模、_____模、合模和冲切模等。

12. 按冲压工序的组合程度进行分类,冲压模具可分为简单冲模、_____冲模和_____冲模三种。

13. 板料冲压的基本工序包括_____工序和_____工序两大类。

14. 落料是利用冲裁工序获得一定外形的制件或坯料的冲压方法,被冲下的部分是_____,剩余的坯料是_____。

15. 为了消除回弹现象对弯曲件精度的影响,在设计弯曲模时,弯曲模的角度应比成品零件的角度小一个_____角。

16. 缩口是指将管件或空心制件的端部加压,使其径向尺寸_____的加工方法。

二、判断题

1. 可锻性是指金属在锻造过程中经受塑性变形而不开裂的能力。 （ ）

2. 冷变形强化使金属材料的可锻性变好。 （ ）

3. 再结晶退火可以消除金属的冷变形强化现象,提高金属的塑性和韧性,提高金属的可锻性。 （ ）

4. 铅(Pb)和锡(Sn)在室温下变形后,会产生冷形变强化(或加工硬化)现象。（ ）

5. 在设计和锻造机械零件时,要尽量使锻件的锻造流线与零件的轮廓相吻合。

（ ）

6. 形状复杂的锻件锻造后不应缓慢冷却。 　　　　　　　　　　　（　　）

7. 冲压件材料应具有良好塑性。 　　　　　　　　　　　　　　　（　　）

8. 弯曲模的角度必须与冲压弯曲件的弯曲角度一致。 　　　　　　（　　）

9. 落料和冲孔都属于冲裁工序，但二者的用途不同。 　　　　　　（　　）

三、简答题

1. 锻压有何特点？

2. 确定始锻温度的原则是什么？ 确定终锻温度的原则是什么？

3. 对拉深件如何防止皱折和拉裂？

4. 如图 1-5-1 所示零件在小批量生产和大批量生产时，应选择哪些锻压方法生产？

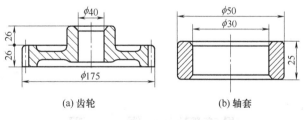

(a) 齿轮　　　　　　　　　　(b) 轴套

图 1-5-1　齿轮和轴套

5. 如图 1-5-2 所示台阶轴要求采用 45 号钢材生产 15 件,请根据所学知识拟定台阶轴的自由锻件毛坯的锻造工序过程。

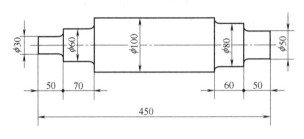

图 1-5-2   台阶轴零件图

四、课外调研活动

1. 观察你周围的工具、器皿和零件等,分析其制作材料和性能(使用性能和工艺性能),它们选用哪些锻造方法生产?

2. 观察金匠制作金银首饰的工艺流程,分析整个工艺流程中各个工序的作用或目的,并用所学知识试着编制某一种金银首饰的制作工艺流程。

第六单元   焊   接

一、填空题

1. 按所使用的能源及焊接过程特点进行分类,焊接一般分为_____焊、_____

焊和_____焊。

2. 焊接电弧由_____区、_____区和_____区三部分组成。

3. 焊接电弧产生的热量与焊接_____的平方和焊接_____的乘积成正比。

4. 电焊条由_____和_____两部分组成。

5. 焊条药皮由稳弧剂、造气剂、_____剂、_____剂、合金剂、稀释剂、粘结剂、稀渣剂和增塑剂等组成。

6. 按照焊条药皮熔化后形成的熔渣的酸碱度进行分类,焊条可分为_____性焊条和_____性焊条两类。

7. 生产中按焊接电流种类的不同,焊条电弧焊的电源可分为弧焊_____器和弧焊_____器两类。

8. 如果将焊件接阳极、焊条接阴极,则电弧热量大部分集中在焊件上,焊件熔化加快,可保证足够的熔深,此接法适用于焊接_____焊件,这种接法称为_____接法。

9. 焊条电弧焊常用的工具有_____钳、焊接电缆、_____罩与护目玻璃、_____保温筒、手套、清洁工具(如敲渣锤)、量具等。

10. 按焊缝在空间的位置进行分类,焊接位置可分为_____焊位置、_____焊位置、_____焊位置和仰焊位置四种。

11. 焊接接头基本型式有_____接头、_____接头、_____接头、T形接头等。

12. 焊接接头坡口基本型式有_____型坡口、_____型坡口、X型坡口、_____型坡口、双U型坡口等。

13. 焊接电弧焊的基本操作过程主要包括_____弧、_____条、焊缝接头和焊缝收尾等。

14. 常用的焊缝收尾有_____收尾法和_____收尾法等。

15. 气焊设备及工具主要有_____气瓶、氧气减压器、乙炔气瓶、乙炔减压器、_____防止器、焊炬、橡皮管等。

16. 通过改变氧气和乙炔气体的体积比,可得到_____焰、_____焰和_____焰三种不同性质的气焊火焰。

17. 气焊时,按照焊炬与焊丝的移动方向进行分类,可分为_____向焊法和_____向焊法两种。

18. 埋弧焊分为埋弧_____焊和埋弧_____焊两种。

19. 氩弧焊可分为_____极氩弧焊和_____极氩弧焊(钨极)两种。

20. 根据接头形式进行分类,电阻焊分为_____焊、_____焊、凸焊和对焊。

21. 钎焊根据钎料熔点高低进行分类,可分为_____钎焊和_____钎焊。

二、单项选择题

1. 下列焊接方法中属于熔焊的是_____。
   A. 焊条电弧焊　　　　　　　B. 电阻焊　　　　　　　C. 软钎焊

2. 阴极区的温度是_____,阳极区的温度是_____,弧柱区的温度是_____。
   A. 2400K左右　　　　　　　B. 2600K左右　　　　　　C. 6000～8000K

3. 对于形状复杂、刚性较大的结构，需要保证焊件结构具有一定的塑性和韧性，应选用抗裂性好的_____焊条。

    A. 酸性   B. 低氢型

4. 焊接不锈钢结构件时，应选用_____。

    A. 铝及铝合金焊条   B. 结构钢焊条   C. 不锈钢焊条

5. 气焊低碳钢时应选用_____，气焊黄铜时应选用_____，气焊铸铁时应选用_____。

    A. 中性焰   B. 氧化焰   C. 碳化焰

三、判断题

1. 焊条电弧焊是非熔化极电弧焊。   （   ）

2. 电焊钳的作用仅仅是夹持焊条。   （   ）

3. 一般情况下，焊件厚度较大时应尽量选择较大直径的焊条。   （   ）

4. 在焊接的四种空间位置中，横焊是最容易操作的。   （   ）

5. 异种钢焊接时，一般按抗拉强度等级低的钢材作为选用焊条的依据。（   ）

6. 气焊过程中，如果发生回火现象，应先关闭氧气调节阀。   （   ）

7. 电渣焊是利用电流通过液态熔渣所产生的电阻热进行焊接的工艺方法。（   ）

8. 钎焊时的温度都在450℃以下。   （   ）

四、简答题

1. 焊条的焊芯和药皮各有哪些作用？

2. 为了保证焊接过程连续和顺利地进行，焊条要同时完成哪三个基本运条动作？

3. 用直径15mm的低碳钢制作圆环链，少量生产和大批量生产时各采用什么焊接方法？

五、课外调研活动

1. 观察你周围的工具、器皿和零件等,分析其制作材料和性能(使用性能和工艺性能),它选用哪些焊接方法生产?

2. 观察液化石油气罐(见图 1-6-1)的外形,同学之间相互合作,分析液化石油气罐的焊接方法和焊接生产工艺流程。

图 1-6-1 液化石油气罐

第七单元 金属切削加工基础

一、填空题

1. 切削运动包括_____运动和_____运动两个基本运动。

2. 切削三要素是指在切削加工过程中的_____、_____和_____的总称。

3. 刀具材料主要有_____工具钢、_____工具钢、_____钢、硬质合金及其他新型刀具材料。

4. 硬质合金按用途范围进行分类,可分为_____用硬质合金,地质、矿山工具用硬质合金,_____用硬质合金。

5. 切削工具用硬质合金牌号按使用领域进行分类,可分为_____、_____、

_____、N、S、H 六类。

6. 以外圆车刀为例,其切削部分由 _____ 个刀面、_____ 个切削刃和 _____ 个刀尖组成。

7. 外圆车刀切削部分一般有 5 个基本角度,即 _____ 角 γ_0、_____ 角 α_0、_____ 角 κ_r、_____ 角 κ'_0、_____ 角 λ_s。

8. 如果零件是轴类、法兰盘类、销套类等回转体零件,则这些零件一般需要进行 _____ 削、磨削等加工,因此,加工此类零件时,可以选择 _____ 刀、镗刀、_____ 等刀具。

二、单项选择题

1. 主切削刃是 _____ 面与主后面的交线。它担负主要的切削任务。

　　A. 副后面　　　　　　B. 前面　　　　　　C. 基面

2. 切削刀具的前角 γ_0 是在 _____ 内测量的前面与基面的夹角。

　　A. 切削平面　　　　　B. 正交平面　　　　C. 基面

3. 后角 α_0 是在 _____ 中测量的后面与切削平面构成的夹角。

　　A. 正交平面　　　　　B. 切削平面　　　　C. 基面

4. 粗加工时,后角一般取 $\alpha_0 =$ _____ ;精加工时,后角一般取 $\alpha_0 =$ _____ 。

　　A. $5°\sim8°$　　　　　　B. $8°\sim12°$

三、判断题

1. 主运动和进给运动可以由刀具、工件分别来完成,也可以由刀具全部完成主运动和进给运动。　　　　　　　　　　　　　　　　　　　　　　　　(　　)

2. 增大前角 γ_0,刀具锋利,切屑容易流出,切削省力,但前角太大,则刀具强度降低。　　　　　　　　　　　　　　　　　　　　　　　　　　　　　　(　　)

3. 增大副偏角 κ'_0 可减小副切削刃与工件已加工表面之间的摩擦,改善散热条件,但工件表面粗糙度值 Ra 增大。　　　　　　　　　　　　　　　　　(　　)

4. 硬质合金允许的切削速度比高速钢低。　　　　　　　　　　　　(　　)

5. 当零件位于粗加工阶段时,一般选择韧性比较好的高速钢刀具。　(　　)

四、简答题

1. 刀具材料应具备哪些基本性能?

2. 硬质合金的性能特点有哪些?

五、课外调研活动

1. 观察你周围的工具和零件,分析其制作材料和性能(使用性能和工艺性能),它可选用哪些刀具进行加工?

2. 观察各种刀具的特点,同学之间相互交流与探讨,分析它们之间的演变关系。

第八单元　金属切削机床及其应用

一、填空题

1. 钻床种类很多,其中_____钻床、_____钻床和摇臂钻床是最常用的钻床。

2. 钻孔属于孔的_____加工阶段。为了获得精度较高的孔,钻孔后还可进一步进行_____孔、铰孔及磨孔等加工。

3. 车床种类繁多,按结构、性能和工艺特点分类,车床可分为_____车床、_____车床、转塔车床、单轴自动车床、多轴自动和半自动车床、仿形车床及多刀车床和各种专门化车床。

4. 卧式车床主要由左右床脚、床身、_____箱、交换齿轮箱、_____箱、_____杠、丝杠、溜板箱、刀架和尾座等部分构成。

5. 车刀种类很多,常用车刀有_____式车刀、_____式车刀、机械夹固式车刀等。

6. 车床上常用的专用夹具有卡盘(三爪自定心卡盘和四爪单动卡盘)、_____盘、顶尖(死顶尖和活顶尖)、拨盘、鸡心夹头、_____架、_____架和心轴等。

7. 车削一般分为_____车、半精车、_____车和精细车四个精度级别。

8. 铣床种类较多,主要有_____式升降台铣床、_____式升降台铣床、仿形铣床、工具铣床、龙门铣床及数控铣床等。

9. 角度铣刀、_____形槽铣刀、_____尾槽铣刀、铣齿刀等主要用于加工成型面。

10. 铣床常用工具有机床用平口虎钳、螺栓压板、_____工作台、万能_____头和万能铣头等。

11. 铣削平面的方法主要有_____铣削(或称周铣)和_____铣削(或称端铣)。

12. 数控机床通常由输入/输出装置、_____装置、_____驱动控制装置、机床电器逻辑控制装置和机床等组成。

13. 在数控加工程序中,需要使用各种_____指令和_____指令来描述工艺过程的各种操作和运动特征。

14. 刨床是平面加工机床,刨床类机床主要有_____刨床、_____刨床和悬臂刨床等。

15. 刨削加工常用的刨刀主要有_____刨刀、偏刀、_____刨刀、切刀、弯切刀、成型刀等。

16. 插床主要有普通插床、_____插床、_____插床和移动式插床等。

17. 镗床是进行孔和端面加工的机床,主要有_____镗床、_____镗床、精镗床等。

18. 镗削加工时,主运动是镗刀的_____运动,工件或镗刀移动是_____运动。

19. 平面磨床主要有_____轴矩台平面磨床和_____轴圆台平面磨床。

20. 磨床的主要应用范围是磨削各种内外圆柱面、_____面、沟槽、_____面(如齿轮、螺纹)等。

21. 拉削时,拉刀可使工件被加工表面在一次走刀中完成粗加工、_____加工和_____加工,缩短了辅助时间,因此,生产效率较高。

22. 特种加工方法种类较多,主要有电火花加工、_____加工、超声波加工、_____加工、电子束加工和离子束加工等。

23. 电解加工机床主要有机床_____体、_____流电源和电解液系统组成。

24. 根据采用的加工介质分类,可分为_____绿色加工和_____绿色加工。

25. 工业机器人由主体、_____系统和_____系统三个基本部分组成。

26. 生产过程一般包括_____过程和_____过程两部分。

27. 一道工序由若干个安装、_____步、_____位、走刀等单元组成。

28. 工件的安装方式一般有_____夹具安装、_____线找正安装和直接找正安装三种。

29. 根据生产纲领的不同,并考虑产品的体积、质量和其他特征,可将生产类型分为_____生产、成批生产和_____生产三种。

30. 基准根据其作用的不同,可分为_____基准和_____基准两大类。

31. 工艺基准按用途可分为工序基准、_____基准、_____基准和装配基准。

32. 通常机械零件的生产过程包括_____成型和_____加工两个阶段。

33. 通常将调质处理安排在_____加工之后,半精加工之_____。

34. 辅助工序是指检验、去_____、划线、校直、_____洗、涂装防锈油等。

二、单项选择题

1. 丝杠是专门用来车削各种_____而设置的。

  A. 螺纹   B. 外圆面   C. 圆锥面

2. 在车床上加工不规则形状的工件时,应选用_____。

  A. 三爪自定心卡盘   B. 花盘

3. _____是指铣削过程中工件的进给方向与铣刀的旋转方向相同的铣削方法。

  A. 顺铣   B. 逆铣

4. 刨削加工的_____运动是刨刀的直线往复运动,刨刀前进是_____行程,刨刀退回是_____行程。

  A. 工作   B. 主   C. 空

5. 粗磨时适宜选用粒度号_____的砂轮(颗粒较粗);精磨时则适宜选用粒度号_____的砂轮(颗粒较细)。

  A. 较小   B. 较大

三、判断题

1. 金属切削机床的主参数表示机床规格的大小和工作能力。 （   ）

2. 钻孔加工质量高,属于精加工。 （   ）

3. 跟刀架适用于夹持不带台阶的细长轴类工件。 （   ）

4. 端面铣削是用端铣刀端面刀齿进行铣削的方法。 （   ）

5. 超声波加工适合于加工各种软材料。 （   ）

6. 虚拟制造技术的实质就是利用计算机进行建模和仿真,使新产品开发过程在计算机上模拟进行,不需要消耗物理资源。 （   ）

7. 安装仅仅涉及夹紧操作。 （   ）

8. 工艺基准是设计零件和装配机器过程中使用的基准。 （   ）

9. 通常粗基准只使用一次。 （   ）

10. 选择精基准时,应有利于保证工件的加工精度并使工件装夹准确、牢固、方便。
（   ）

四、简答题

1. 车削加工的工艺特点有哪些?

2. 粗车、半精车、精车和精细车的目的是什么?

3. 卧式铣床的主运动是什么？进给运动是什么？

4. 铣削加工的工艺特点有哪些？

5. 数控加工的工艺特点有哪些？

6. 插床与牛头刨床相比有何差别？

7. 磨削的工艺特点有哪些？

8. 外圆柱面的磨削方法有哪些？各适用于加工哪些工件？

9. 拉削的工艺特点有哪些？

10. 电火花加工有何特点？

11. 选择粗基准的基本原则有哪些？

12. 选择精基准的基本原则有哪些？

13. 划分零件加工工艺过程的目的是什么？

14. 机械加工工序安排的基本原则有哪些？

五、课外调研活动

1. 观察你周围的工具和零件,分析其制作材料和性能(使用性能和工艺性能),它可以选用哪些机械加工方法完成?

2. 特种加工不同于传统加工方法,它是科技人员从"逆向思维"的角度思考问题,研发出的新奇加工工艺,在现有的特种加工方法基础上,你还能想到哪些新的加工方法?

<h1 style="text-align:center">第九单元　钳　　工</h1>

一、填空题

1. 钳工的工作内容主要包括划线、_____、_____、锯割、钻孔、扩孔、铰孔、锪孔、攻螺纹、套螺纹、刮削、_____、矫正、弯曲和铆接等。

2. 钳工职业等级共划分为五个级别:_____级(国家职业资格五级)、_____级(国家职业资格四级)、高级(国家职业资格三级)、技师(国家职业资格二级)、高级技师(国家职业资格一级)。

3. 钳工职业技能鉴定方式包括_____知识考试和_____操作考核。

4. 钳工常用的设备主要有钳工_____台、_____、砂轮机、钻床(如台式钻床、立式钻床、摇臂钻床)等。

5. 划线通常分为_____划线和_____划线两种。

6. 钳工用划线工具主要有_____针、_____盘、高度尺、划线平台、划规与划卡、90°角尺、样冲、V形铁、万能角度尺、千斤顶等。

7. 錾削工具主要有_____以及各种类型的_____。

8. 錾子的刃磨顺序是:磨_____→磨_____→磨头部錾子的楔角 β_0。

9. 手锤的握法有_____握法和_____握法两种。

10. 挥锤方法主要有_____挥、_____挥和腕挥等。

11. 手锯由锯_____和锯_____组成。锯弓有_____式锯弓和_____式锯弓两种。

12. 锯条是锯削工具,按锯齿的大小进行分类,可分为_____齿锯条、_____齿锯条和细齿锯条三种。

13. 锯条安装时，必须注意安装方向，_____的方向朝前。如果安装方向相反，就不能正常进行锯削。

14. 粗齿锯条适用于锯削_____、_____、_____、低碳钢等较软材料或较厚的工件；细齿锯条适用于锯削较硬材料、薄板、薄管等。

15. 锉刀按用途进行分类，可分为_____锉刀、_____锉刀和_____锉刀。

16. 锉削时的往复速度不能太快，通常以每分钟_____个来回为最佳。

17. 平面锉削基本上采用_____锉法、_____锉法以及推锉法。

18. 锉削外圆弧面时，分为_____着圆弧面锉削和_____着圆弧面锉削两种方法。

19. 铰刀可分为_____用铰刀和_____用铰刀两大类。

20. 攻螺纹就是用丝锥加工_____螺纹的操作；套螺纹是用板牙加工_____螺纹的操作。

21. 刮刀分为_____刮刀和_____刮刀两种。

22. 刮削分为_____刮削和_____刮削，而平面刮削的姿势又分为_____刮式和平刮式刮削两种。

23. 刮削一般按_____刮、_____刮、_____刮步骤进行。

24. 常见的工件矫正方法有_____回曲法和_____法。

二、简答题

1. 常见的划线基准有哪些类型？

2. 简述錾子的热处理过程。

3. 简述薄板材料的錾削操作要领。

4. 选用锉刀应考虑哪些方面？

5. 攻螺纹和套螺纹过程中的注意事项有哪些?

6. 简述挺刮式刮削的一般操作过程。

三、实作思考题

1. 如图 1-9-1 所示是小手锤零件图,请按图中要求制定小手锤的钳工制作工艺过程。

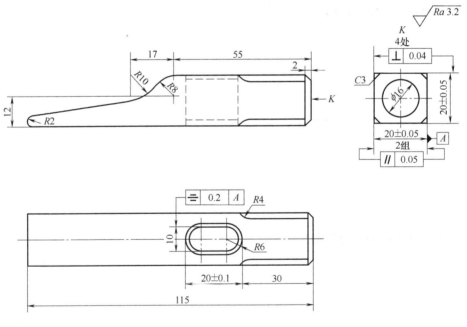

图 1-9-1　小手锤零件图

2. 如图 1-9-2 所示是六角体镶嵌套零件图,请按图中要求制定六角体镶嵌套的钳工制作工艺过程。

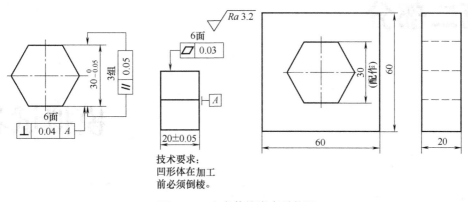

技术要求:
凹形体在加工前必须倒棱。

图 1-9-2　六角体镶嵌套零件图

第二部分

_____学校

20 —20 学年　学期　金属加工与实训——基础常识与技能训练
模拟试卷 A

专业_____ 班级_____ 姓名_____ 学号_____

题号	一	二	三	四	五	六	七	八	总分
题分	10	40	10	20	15	5			100
得分									

一、名词解释（每题 2 分，共 10 分）

1. 金属

2. 合金

3. 工艺性能

4. 塑性

5. 硬度

二、填空题(每空 1 分,共 40 分)

1. 金属材料的性能包括_____性能和_____性能。

2. 250HBW10/1000/30 表示用直径是_____mm 的压头,压头材质是_____,在_____kgf(9.807kN)压力下,保持_____s,测得的_____硬度值是_____。

3. 金属材料的疲劳断裂断口一般由_____、_____和_____组成。

4. 合金钢按其主要质量等级进行分类,可分为_____合金钢和_____合金钢两类。

5. 热处理的工艺过程一般由_____、_____和_____三个阶段组成。

6. 根据淬火钢件在回火时的加热温度进行分类,可将回火分为_____回火、_____回火和高温回火三种。

7. 特种铸造包括金属型铸造、_____铸造、_____铸造、_____铸造、低压铸造等。

8. 锻造温度范围是指_____锻温度与_____锻温度之间形成的温度间隔。

9. 板料冲压的基本工序包括_____工序和_____工序两大类。

10. 如果将焊件接阳极、焊条接阴极,则电弧热量大部分集中在焊件上,焊件熔化加快,可保证足够的熔深,此接法适用于焊接_____焊件,这种接法称为_____接法。

11. 切削运动包括_____运动和_____运动两个基本运动。

12. 车床种类繁多,按结构、性能和工艺特点分类,车床可分为_____车床、_____车床、转塔车床、单轴自动车床、多轴自动和半自动车床、仿形车床及多刀车床和各种专门化车床。

13. 车床上常用的专用夹具有卡盘(三爪自定心卡盘和四爪单动卡盘)、_____盘、顶尖(死顶尖和活顶尖)、拨盘、鸡心夹头、_____架、_____架和心轴等。

14. 平面磨床主要有_____轴矩台平面磨床及_____轴圆台平面磨床。

15. 生产过程一般包括_____过程和_____过程两部分。

16. 钳工职业技能鉴定方式包括_____知识考试和_____操作考核。

三、判断题(请用"×"或"√"判断,每题 1 分,共 10 分)

1. 所有金属材料在拉伸试验时都会出现显著的屈服现象。　　　　　(　　)

2. 40Cr 钢是最常用的合金调质钢。　　　　　(　　)

3. 特殊黄铜是不含锌元素的黄铜。　　　　　(　　)

4. 陶瓷材料是无机非金属材料的统称,是用天然的或人工合成的粉状化合物,通过成型和高温烧结而制成的多晶体固体材料。　　　　　(　　)

5. 钢件感应淬火后,一般需要进行高温回火　　　　　(　　)

6. 熔模铸造的铸型是一个整体,无分型面,它是通过熔化模样起模的。　　　　　(　　)

7. 在设计和锻造机械零件时,要尽量使锻件的锻造流线与零件的轮廓相吻合。　　　　　(　　)

8. 弯曲模的角度必须与冲压弯曲件的弯曲角度一致。　　　　　(　　)

9. 在焊接的四种空间位置中,横焊是最容易操作的。　　　　　(　　)

10. 主运动和进给运动可以由刀具、工件分别来完成,也可以是由刀具全部完成主运动和进给运动。　　　　　　　　　　　　　　　　　　　　　　　　(　　)

四、单项选择题(每空 1 分,共 20 分)

1. 拉伸试验时,拉伸试样拉断前能承受的最大标称应力称为材料的_____。
　　A. 屈服强度　　　　　B. 抗拉强度

2. 测定退火钢材的硬度时,一般常选用_____来测试。
　　A. 布氏硬度计　　　　B. 洛氏硬度计

3. 08 钢牌号中,"08"是表示钢的平均碳的质量分数是_____。
　　A. 8%　　　　　　　B. 0.8%　　　　　　C. 0.08%

4. 选择制造下列工具所用的钢材:木工工具用_____;锉刀用_____;手锯锯条用_____。
　　A. T12 钢　　　　　B. T10 钢　　　　　C. T7A 钢

5. 为下列工具正确选材:高精度丝锥用_____;热锻模用_____;冷冲模用_____;麻花钻头用_____。
　　A. Cr12MoV 钢　　　　　　　　　B. CrWMn 钢
　　C. W18Cr4V 钢　　　　　　　　　D. 5CrNiMo 钢

6. 某一金属材料的牌号是 T3,它是_____。
　　A. 碳的质量分数是 3% 的碳素工具钢
　　B. 3 号加工铜
　　C. 3 号工业纯钛

7. 某一金属材料的牌号是 QT450-10,它是_____。
　　A. 低合金高强度结构钢　　　　　B. 球墨铸铁
　　C. 钛合金　　　　　　　　　　　D. 青铜

8. 过共析钢的淬火加热温度应选择在_____,亚共析钢的淬火加热温度则应选择在_____。
　　A. $Ac_1 + (30 \sim 50)$℃
　　B. Ac_{cm} 以上
　　C. $Ac_3 + (30 \sim 50)$℃

9. 各种卷簧、板簧、弹簧钢丝及弹性元件等,一般采用_____进行处理。
　　A. 淬火+高温回头
　　B. 淬火+中温回火
　　C. 淬火+低温回火

10. 下列焊接方法中属于熔焊的是_____。
　　A. 焊条电弧焊　　　B. 电阻焊　　　C. 软钎焊

11. 主切削刃是_____面与主后面的交线。它担负主要的切削任务。
　　A. 副后面　　　　　B. 前面　　　　C. 基面

12. 丝杠是专门用来车削各种_____而设置的。
　　A. 螺纹　　　　　　B. 外圆面　　　C. 圆锥面

13. 粗磨时适宜选用粒度号_____的砂轮（颗粒较粗）；精磨时则适宜选用粒度号
_____的砂轮（颗粒较细）。

    A. 较小   B. 较大

五、简答题（每题 3 分，共 15 分）

1. 冷作模具钢与热作模具钢在碳的质量分数和热处理工艺方面有何不同？

2. 表面淬火的目的是什么？

3. 对拉深件如何防止皱折和拉裂？

4. 为了保证焊接过程连续和顺利地进行，焊条要同时完成哪三个基本运条动作？

5. 卧式铣床的主运动是什么？ 进给运动是什么？

六、观察与思考题（共 5 分）

    观察六角头大螺栓零件（见图 2-1-1），分析其制作材料和性能（使用性能和工艺性能），它可以选用哪些机械加工方法完成？

图 2-1-1 六角头大螺栓

_____学校

20　—20　学年　　学期　　金属加工与实训——基础常识与技能训练

模拟试卷 B

专业_____　班级_____　姓名_____　学号_____

题号	一	二	三	四	五	六	七	八	总分
题分	10	40	10	20	15	5			100
得分									

一、名词解释(每题 2 分,共 10 分)

1. 金属材料

2. 钢铁材料

3. 使用性能

4. 抗拉强度

5. 韧性

二、填空题(每空 1 分,共 40 分)

1. 金属加工方法主要包括_____加工和_____加工两大类。

2. 根据载荷大小、方向和作用点是否随时间变化,可以将载荷分为_____载荷和_____载荷。

3. 常用的硬度表示方法有_____氏硬度、_____氏硬度和_____氏硬度。

4. 非合金钢按其碳的质量分数高低进行分类,可分为_____碳钢、_____碳钢和_____碳钢三类。

5. 60Si2Mn 是_____钢,它的最终热处理方法是_____。

6. 灰铸铁具有优良的_____性能、良好的_____性能、较低的_____敏感性、良好的切削加工性和减摩性。但抗拉强度、塑性和韧性比钢低得多。

7. 变形铝合金按其特点和用途进行分类,可分为_____铝、_____铝、_____铝、_____铝等。

8. 普通黄铜是由_____和_____组成的铜合金;在普通黄铜中再加入其他元素

所形成的铜合金称为_____黄铜。

9. 钛合金按其退火后的组织形态进行分类,可分为_____型钛合金、_____型钛合金和_____型钛合金。

10. 陶瓷按其成分和来源进行分类,可分为_____陶瓷(传统陶瓷)和_____陶瓷(近代陶瓷)两大类。

11. 表面淬火按加热方法的不同,可分为_____淬火、_____淬火、接触电阻加热淬火、激光淬火、电子束淬火等。

12. 浇注系统一般由_____杯、_____浇道、_____浇道和_____浇道组成。

13. 锻造温度范围是指_____锻温度与_____锻温度之间形成的温度间隔。

14. 按使用的能源及焊接过程特点进行分类,焊接一般分为_____焊、_____焊和_____焊。

15. 通常将调质处理安排在_____加工之后,半精加工之_____。

三、判断题(请用"×"或"√"判断,每题 1 分,共 10 分)

1. 弹性变形会随载荷的去除而消失。　　　　　　　　　　　　　(　)

2. 吸收能量 K 对温度不敏感。　　　　　　　　　　　　　　　(　)

3. Cr12MoVA 钢是不锈钢。　　　　　　　　　　　　　　　　　(　)

4. 可锻铸铁比灰铸铁的塑性好,因此,可以进行锻压加工。　　　(　)

5. 变形铝合金都不能用热处理强化。　　　　　　　　　　　　　(　)

6. 高碳钢可用正火代替退火,以改善其切削加工性。　　　　　　(　)

7. 一般来说,淬火钢随回火温度的升高,强度与硬度降低而塑性与韧性提高。　　(　)

8. 冲压件材料应具有良好塑性。　　　　　　　　　　　　　　　(　)

9. 电焊钳的作用仅仅是夹持焊条。　　　　　　　　　　　　　　(　)

10. 增大前角 γ_0,刀具锋利,切屑容易流出,切削省力,但前角太大,则刀具强度降低。

　　　　　　　　　　　　　　　　　　　　　　　　　　　　(　)

四、单项选择题(每空 1 分,共 20 分)

1. 做冲击试验时,试样承受的载荷是_____。

　　A. 静载荷　　　　　B. 冲击载荷

2. 为下列零件正确选材:机床床身用_____;汽车后桥外壳用_____;柴油机曲轴用_____;排气管用_____。

　　A. RuT300　　　　B. QT700-2　　　　C. KTH350-10　　　　D. HT300

3. 将相应牌号填入空格内。硬铝:_____;防锈铝:_____;超硬铝:_____;铸造铝合金:_____;铅黄铜:_____;铍青铜:_____。

　　A. HPb59-1　　　B. 5A05(LF5)　　　C. 2A06(LY6)　　　D. ZAlSi12

　　E. 7A04(LC4)　　　F. QBe2

4. 5A03(LF3)是_____铝合金,属于热处理_____的铝合金。

　　A. 铸造　　　　　B. 变形　　　　　C. 能强化　　　　　D. 不能强化

5. 为了改善高碳钢($w_c > 0.6\%$)的切削加工性能,一般选择_____作为预备热处理。

　　A. 退火　　　　　B. 淬火　　　　　C. 正火　　　　　D. 回火

6. 调质处理就是_____的复合热处理工艺。
　　A. 淬火＋高温回头　　B. 淬火＋中温回火　　　　C. 淬火＋低温回火
7. 化学热处理与表面淬火的基本区别是_____。
　　A. 加热温度不同　　　B. 组织有变化　　　　　　C. 改变表面化学成分
8. 阴极区的温度是_____,阳极区的温度是_____,弧柱区的温度是_____。
　　A. 2400K 左右　　　　B. 2600K 左右　　　　　　C. 6000～8000K
9. 后角 α_0 是在_____中测量的后面与切削平面构成的夹角。
　　A. 正交平面　　　　　B. 切削平面　　　　　　　C. 基面

五、简答题(每题 3 分,共 15 分)

1. 铸造生产有哪些特点?

2. 确定始锻温度的原则是什么?

3. 刀具材料应具备哪些基本性能?

4. 粗车、半精车、精车和精细车的目的是什么?

5. 划分零件加工工艺过程的目的是什么?

六、观察与思考题(共 5 分)

　　观察机床传动齿轮零件(见图 2-2-1),分析其制作材料和性能(使用性能和工艺性能),它们选用哪些锻造方法生产?

图 2-2-1　机床传动齿轮

_____学校

20 —20 学年 学期 金属加工与实训——基础常识与技能训练
模拟试卷 C

专业_____ 班级_____ 姓名_____ 学号_____

题号	一	二	三	四	五	六	七	八	总分
题分	10	40	10	20	15	5			100
得分									

一、名词解释（每题 2 分，共 10 分）

1. 非铁金属

2. 使用性能

3. 强度

4. 屈服强度

5. 疲劳

二、填空题（每空 1 分，共 40 分）

1. 非铁金属按熔点的高低分类，可分为_____熔金属和_____熔金属。

2. 根据载荷对杆件变形的作用，可将载荷分为_____载荷、压缩载荷、_____载荷、剪切载荷和扭转载荷等。

3. 金属材料的力学性能指标可分为_____、_____、_____、韧性和疲劳强度等。

4. 按使用时的组织特征分类，不锈钢可分为_____型不锈钢、_____型不锈钢、_____型不锈钢、奥氏体-铁素体型不锈钢和沉淀硬化型不锈钢五类。

5. 钢的耐热性包括钢在高温下具有_____和_____两个方面。

6. 常用的合金铸铁有_____铸铁、_____铸铁及_____铸铁等。

7. 铸造铝合金主要有_____系、_____系、_____系和_____系等合金。

8. 普通白铜是由_____和_____组成的铜合金；在普通白铜中再加入其他元素

形成的铜合金称为_____白铜。

9. 常用的滑动轴承合金有_____基、_____基、_____基、_____基滑动轴承合金等。

10. 工程材料按其组成特点进行分类,可分为_____材料、_____材料、_____高分子材料和复合材料四大类。

11. 热处理按其工序位置和目的的不同,可分为_____热处理和_____热处理。

12. 清理的主要任务是去除铸件上的_____系统、_____口、型芯、粘砂以及飞边毛刺等部分。

13. 对冷变形后的金属进行加热时,金属将相继发生_____复、_____结晶和晶粒长大三个变化。

14. 通过改变氧气和乙炔气体的体积比,可得到_____焰、_____焰和_____焰三种不同性质的气焊火焰。

15. 在数控加工程序中,需要使用_____指令和_____指令来描述工艺过程的各种操作和运动特征。

三、判断题(请用"×"或"√"判断,每题 1 分,共 10 分)

1. 洛氏硬度值是根据压头压入被测金属材料的残余压痕深度增量来确定的。

2. 金属材料疲劳断裂时不产生明显的塑性变形,断裂是突然发生的。　　　　　(　)

3. 3Cr2W8V 钢一般用来制造冷作模具。　　　　　(　)

4. 软磁钢是指钢材容易被反复磁化,并在外磁场除去后磁性基本消失的特殊物理性能钢。　　　　　(　)

5. 变形铝合金不适合于压力加工。　　　　　(　)

6. 钢材适宜切削加工的硬度范围一般是 170～270HBW。　　　　　(　)

7. 球化退火主要用于过共析钢和共析钢制造的刀具、风动工具、木工工具、量具、模具、滚动轴承件等。　　　　　(　)

8. 零件、模样和铸件三者之间没有差别。　　　　　(　)

9. 形状复杂的锻件锻造后不应缓慢冷却。　　　　　(　)

10. 硬质合金允许的切削速度比高速钢低。　　　　　(　)

四、单项选择题(每空 1 分,共 20 分)

1. _____硬度主要用于直接检验成品或半成品的硬度,特别适合检验经过淬火的零件。

　　A. 布氏　　　　　　　B. 洛氏

2. 将下列合金钢牌号进行归类。耐磨钢:_____;合金弹簧钢:_____;合金模具钢:_____;不锈钢:_____。

　　A. 60Si2Mn　　　　B. ZGMn13-2　　　　C. Cr12MoV　　　　D. 10Cr17

3. 为下列零件正确选材:轧辊用_____;炉底板用_____;耐酸泵用_____。

　　A. HTSSi11Cu2CrRE　B. HRTCr2　　　　C. 抗磨铸铁

4. 将相应牌号填入空格内。普通黄铜:_____;特殊黄铜:_____;锡青铜：_____。

    A. H90   B. QSn4-3   C. HAl77-2

5. 感应淬火时,如果钢件表面的淬硬层深度要求较大（大于 10mm）时,可选择_____。

    A. 高频感应淬火   B. 中频感应淬火   C. 工频感应淬火

6. 零件渗碳后,一般需经_____处理,才能达到表面高硬度和高耐磨性目的。

    A. 正火   B. 淬火＋低温回火   C. 调质

7. 各种卷簧、板簧、弹簧钢丝及弹性元件等,一般采用_____进行处理。

    A. 淬火＋高温回头   B. 淬火＋中温回火   C. 淬火＋低温回火

8. 焊接不锈钢结构件时,应选用_____。

    A. 铝及铝合金焊条   B. 结构钢焊条   C. 不锈钢焊条

9. 气焊低碳钢时应选用_____,气焊黄铜时应选用_____,气焊铸铁时应选用_____。

    A. 中性焰   B. 氧化焰   C. 碳化焰

10. 粗加工时,后角一般取 $\alpha_0 = $_____;精加工时,后角一般取 $\alpha_0 = $_____。

    A. $5°\sim8°$ B. $8°\sim12°$

五、简答题(每题 3 分,共 15 分)

1. 回火的目的是什么?

2. 确定终锻温度的原则是什么?

3. 焊条的药皮有哪些作用?

4. 铣削加工的工艺特点有哪些?

5. 插床与牛头刨床相比有何差别?

六、观察与思考题（共 5 分）

观察健身哑铃（见图 2-3-1），分析健身哑铃可采用哪些铸造方法进行生产。简述健身哑铃的铸造生产工艺流程。

图 2-3-1   健身哑铃

第三部分

各单元练习题参考答案

绪　　论

一、基本概念解释

1. 金属

金属是指具有良好的导电性和导热性,有一定的强度和塑性,并具有光泽的物质。

2. 金属材料

金属材料是由金属元素或以金属元素为主要材料,其他金属或非金属元素为辅构成的,并具有金属特性的工程材料。

3. 合金

合金是指两种或两种以上的金属元素或金属与非金属元素组成的金属材料。

4. 钢铁材料

钢铁材料(或称黑色金属)是指以铁或以铁为主而构成的金属材料。

5. 非铁金属

非铁金属(或称有色金属)是指除铁、铬、锰以外的所有金属及其合金。

二、填空题

1. 金属材料包括　纯金属　和　合金　。

2. 金属材料种类多,为了分类方便,又可将金属材料分为　钢铁　材料和非铁　金属　两大类。

3. 钢铁材料主要是由　铁　和　碳　组成的合金。

4. 钢铁材料按其碳的质量分数 w_C(含碳量)进行分类,可分为　工业　纯铁($w_C <$ 0.0218%)、　钢　($w_C = 0.0218\% \sim 2.11\%$)和　铸造　铸铁或生铁($w_C > 2.11\%$)。

5. 钢按碳的质量分数 w_C 和室温组织的不同,可分为　亚　共析钢(0.0218% $<$

$w_C < 0.77\%$)、共析钢($w_C = 0.77\%$)和　过　共析钢($0.77\% < w_C \leqslant 2.11\%$)。

6. 白口铸铁按碳的质量分数 w_C 和室温组织的不同,可分为　亚　共晶白口铸铁($2.11\% < w_C < 4.3\%$)、共晶白口铸铁($w_C = 4.3\%$)和　过　共晶白口铸铁($4.3\% < w_C < 6.69\%$)。

7. 生铁是由铁矿石经　高炉　冶炼获得的,它是炼钢和铸件生产的主要原材料。

8. 钢材按脱氧程度的不同,可分为　特殊　镇静钢(TZ)、镇静钢(Z)、　半　镇静钢(b)和沸腾钢(F)四种。

9. 非铁金属(或称有色金属)是指除　铁　、　铬　、锰以外的所有金属及其合金。

10. 非铁金属按密度大小分类,通常可分为　轻　金属(金属密度小于 $5 \times 10^3 \, \text{kg/m}^3$)和　重　金属(金属密度大于 $5 \times 10^3 \, \text{kg/m}^3$)。

11. 非铁金属按熔点的高低分类,可分为　易　熔金属和　难　熔金属。

12. 金属加工方法主要包括　热　加工和　冷　加工两大类。

13. 热加工主要包括铸造、　锻压　、　焊接　、热处理等加工方法,它们主要用于生产金属毛坯,如铸件、锻件、焊件等。

三、判断题

1. 金属材料是由金属元素或以金属元素为主要材料,其他金属或非金属元素为辅构成的,并具有金属特性的工程材料。　　　　　　　　　　　　　　　　　　(√)

2. 合金是指两种或两种以上的金属元素或金属与非金属元素组成的金属材料。

　　　　　　　　　　　　　　　　　　　　　　　　　　　　　　　　(√)

3. 钢铁材料(或称黑色金属)是指以铁或以铁为主而形成的金属材料。　(√)

4. 沸腾钢的质量最好。　　　　　　　　　　　　　　　　　　　　　(×)

四、简答题

1. 为什么要将金属制品的加工分为热加工(毛坯制造阶段)和冷加工(切削加工阶段)?

答:第一,满足金属制品的使用性能要求;第二,满足加工精度要求;第三,发挥设备、人员及热处理的潜力,也便于分工协作。

2. 在金属加工企业工作或实习过程中,应注意哪些基本安全事项?

答:(1) 要尽快熟悉工作环境的生产特点。

(2) 要了解防火、防漏、防爆、防毒、防化学物品、防机械伤害等基本常识。

(3) 要认真熟悉各工种基本的安全生产操作规范,严格按操作规程进行操作,坚决杜绝违规操作行为,应该戴防护用品(如防护眼镜、面罩、手套、鞋、安全帽等)的必须戴好,以防身体受到不必要的伤害。

(4) 未经允许或不了解机床(或其他机械设备)性能时不能随意开启设备。

(5) 在了解设备的前提下,开启设备时要检查各操作手柄是否处于正常位置。

(6) 操作机械设备时,不得擅自离开机械设备。

(7) 变换机械设备运转速度时,必须先停止机械设备运转,然后再进行调速。

(8) 进行热加工实习实训时,一定要注意防止烫伤、飞溅物、碰伤等。

（9）进行机械加工时,一定要将工件夹紧。清除切屑时,必须用铁钩或毛刷,切削工件时不得用棉纱擦工件或刀具,以免造成事故。

（10）操作结束后,要保持场地和机械设备清洁,场地、工件、工具等整齐、规范。

五、交流与探讨活动

1. 同学之间相互交流与探讨,为什么在春秋战国时期,军队的兵器广泛采用青铜制造,而没有采用钢材制造呢?

答:第一,青铜的熔点（约 1000℃）比钢材的熔点（高于 1400℃）低,当时缺少比较先进的高温耐火材料,无法满足大规模炼铁和炼钢需要;第二,对于钢铁的冶炼及其相关加工技术还没有达到像青铜那样的程度和普及范围。

2. 同学之间相互交流与探讨,如何节约有限的金属矿产资源和金属材料?

答:第一,提高金属制品加工质量,降低废品率;第二,逐渐寻找金属的替代材料;第三,提高金属材料的性能,如提高强度,降低金属制品的厚度等。

第一单元　金属材料的力学性能

一、基本概念解释

1. 使用性能

使用性能是指机械零件在使用条件下,金属材料表现出来的性能。

2. 工艺性能

工艺性能是指机械零件在加工制造过程中,金属材料在预先制定的热加工和冷加工工艺条件下表现出来的性能。

3. 强度

强度是金属材料在力的作用下,抵抗永久变形和断裂的能力。

4. 屈服强度

试样在拉伸试验过程中力不增加（保持恒定）仍然能继续伸长（变形）时的应力称为屈服强度。

5. 抗拉强度

抗拉强度是指拉伸试样拉断前承受的最大标称拉应力。

6. 塑性

塑性是指金属材料在断裂前发生不可逆永久变形的能力。

7. 硬度

硬度是金属材料抵抗外物压入的能力。

8. 韧性

韧性是金属材料在断裂前吸收变形能量的能力。

9. 疲劳

金属零件在循环应力作用下,在一处或几处产生局部永久性累积损伤,经一定循环次数后产生裂纹或突然发生完全断裂的过程,称为疲劳(或称疲劳断裂)。

二、填空题

1. 金属材料的性能包括__使用__性能和__工艺__性能。

2. 使用性能包括__力学__性能、__物理__性能和__化学__性能。

3. 根据载荷大小、方向和作用点是否随时间变化,可以将载荷分为__静__载荷和__动__载荷。

4. 根据载荷对杆件变形的作用,可将载荷分为__拉伸__载荷、压缩载荷、__弯曲__载荷、剪切载荷和扭转载荷等。

5. 金属在外力作用下,将会发生变形和破坏,其一般变化过程是:__弹性__变形→__塑性__变形→断裂。

6. 塑性变形是指金属在断裂前发生的不可逆__永久__变形。

7. 金属材料的力学性能指标可分为__强度__、__塑性__、__硬度__、韧性和疲劳强度等。

8. 金属材料的强度指标主要有:__屈服强度__、__规定残余延伸强度__、__抗拉强度__等。

9. 工程上广泛使用的表征材料塑性大小的主要指标是:断后__伸长__率和断面__收缩__率。

10. 某一圆钢的 $R_{eL}=360\text{MPa}$,$R_m=610\text{MPa}$,横截面积是 $S_0=100\text{mm}^2$,当拉伸力达到__36000__N时,圆钢将出现屈服现象;当拉伸力达到__61000__N时,圆钢开始出现缩颈并逐渐发生断裂。

11. 常用的硬度表示方法有__布__氏硬度、__洛__氏硬度和__维__氏硬度。

12. 250HBW10/1000/30 表示用直径是__10__mm 的压头,压头材质是__硬质合金__,在__1000__kgf(9.807kN)压力下,保持__30__s,测得的__布氏__硬度值是__250__。

13. 在测试洛氏硬度时,需要至少测取__3__个不同位置的硬度值,然后再计算这__3__点硬度的平均值作为被测材料的硬度值。

14. 夏比摆锤冲击试样有__U__形缺口试样和__V__形缺口试样两种。

15. 吸收能量的符号是__K__,其单位是__J__。

16. 金属材料的疲劳断裂断口一般由__微裂源__、__扩展区__和__瞬断区__组成。

17. 物理性能包括密度、__熔点__、__导热__性、导电性、热膨胀性和磁性等。

18. 化学性能包括耐腐蚀性、__抗氧化__性和__抗热__性等。

19. 金属材料的工艺性能主要有铸造性能、__压力加工__性能、__焊接__性能、冷加工工艺性能、热处理工艺性能等。

三、单项选择题

1. 拉伸试验时,拉伸试样拉断前能承受的最大标称应力称为材料的__B__。
   A. 屈服强度　　　　　B. 抗拉强度

2. 金属在力的作用下,抵抗永久变形和断裂的能力称为__C__。
   A. 硬度　　　　　　B. 塑性　　　　　　C. 强度

3. 测定退火钢材的硬度时,一般常选用__A__来测试。

A. 布氏硬度计　　　　　　B. 洛氏硬度计

4.　__B__ 硬度主要用于直接检验成品或半成品的硬度,特别适合检验经过淬火的零件。

A. 布氏　　　　　　B. 洛氏

5. 做冲击试验时,试样承受的载荷是　__B__ 。

A. 静载荷　　　　　　B. 冲击载荷

6.　__B__ 好的金属材料不仅能顺利地进行锻压、轧制等成型工艺,而且在使用过程中如果发生超载,则由于塑性变形,可以避免或缓冲突然断裂。

A. 强度　　　　　　B. 塑性　　　　　　C. 硬度

7. 金属材料的韧脆转变温度越低,说明金属材料的低温抗冲击性越　__A__ 。

A. 好　　　　　　B. 差

四、判断题

1. 金属受外力作用后导致金属内部之间相互作用的力,称为内力。　　　　（√）

2. 弹性变形会随载荷的去除而消失。　　　　（√）

3. 所有金属材料在拉伸试验时都会出现显著的屈服现象。　　　　（×）

4. 同一种金属材料的断后伸长率的 A 和 $A_{11.3}$ 数值是相等的。　　　　（×）

5. 测定金属的布氏硬度时,当试验条件相同时,压痕直径越小,则金属的硬度越低。

（×）

6. 洛氏硬度值是根据压头压入被测金属材料的残余压痕深度增量来确定的。　（√）

7. 吸收能量 K 对温度不敏感。　　　　（×）

8. 金属材料疲劳断裂时不产生明显的塑性变形,断裂是突然发生的。　　（√）

9. 疲劳断裂一般是由金属材料内部的气孔、疏松、夹杂、表面划痕、缺口、应力集中等引起的。　　　　（√）

10. 在金属材料中灰铸铁和青铜的铸造性能较好。　　　　（√）

五、简答题

1. 退火低碳钢试样从开始拉伸到断裂要经过几个阶段?

答:退火低碳钢从开始拉伸到断裂要经过弹性变形阶段、屈服阶段、变形强化阶段、缩颈与断裂四个阶段。

2. 采用布氏硬度试验测取金属材料的硬度值有哪些优点和缺点?

答:布氏硬度反映的硬度值比较准确,数据重复性强。但由于其压痕较大,对金属材料表面的损伤较大,因此,不宜测定太小或太薄的试样。

3. 吸收能量与温度之间有何关系?

答:在进行不同温度的一系列冲击试验时,随试验温度的降低,冲击吸收能量总的变化趋势是随着温度的降低而降低。当温度降至某一数值时,冲击吸收能量急剧下降,金属材料由韧性断裂变为脆性断裂,这种现象称为冷脆转变。

4. 金属发生疲劳断裂的主要特征有哪些?

答:金属发生疲劳断裂的主要特征是:第一,零件工作时承受的实际循环应力值通常低于制作金属材料的屈服强度或规定残余延伸强度,但是零件在这种循环应力作用下,经过一定时间的工作后会发生突然断裂。第二,金属材料疲劳断裂时不产生明显的塑性变形,断裂是突然发生的。第三,疲劳断裂首先在零件的应力集中局部区域产生,先形成微小的裂纹核心,即微裂源。

六、课外调研活动

1. 观察你周围的工具、器皿和零件等,分析其性能(使用性能和工艺性能)有哪些要求?

答:例如,铁锁的外形部分要求有较高的强度、较好的铸造性能和切削加工性能;锁芯要求具有良好的切削加工性能和耐腐蚀性能。

2. 列表分析屈服强度、硬度、吸收能量、疲劳强度等力学性能指标主要应用在哪些场合?

答:

性能指标	屈服强度	硬度	吸收能量	疲劳强度
应用场合	选材和设计	选材和耐磨性	选材和低温环境	循环载荷

第二单元　常用金属材料

一、填空题

1. 非合金钢按其碳的质量分数高低进行分类,可分为　低　碳钢、　中　碳钢和　高　碳钢三类。

2. 非合金钢按其主要质量等级进行分类,可分为　普通质量　非合金钢、　优质　非合金钢和特殊质量非合金钢三类。

3. 非合金钢按其用途进行分类,可分为碳素　结构　钢和碳素　工具　钢。

4. 碳素结构钢的质量等级可分为　A　、　B　、　C　、　D　四类。

5. T10A 钢按其用途进行分类,属于　碳素工具　钢;T10A 钢按其碳的质量分数进行分类,属于　高碳　钢;T10A 钢按其主要质量等级进行分类,属于　特殊质量非合金　钢。

6. 40 号钢按其用途进行分类,属于　结构　钢;40 号钢按其主要质量等级分类,属于　调质　钢。

7. 低合金钢按其主要质量等级进行分类,可分为　普通质量　低合金钢、　优质　低合金钢和特殊质量低合金钢三类。

8. 合金钢按其主要质量等级进行分类,可分为　优质　合金钢和　特殊质量　合金钢两类。

9. 机械结构用合金钢按其用途和热处理特点进行分类,可分为　合金渗碳　钢、　合金调质　钢、　合金弹簧　钢和超高强度钢等。

10. 60Si2Mn 是　合金弹簧　钢,它的最终热处理方法是　淬火加中温回火　。

11. 超高强度钢一般是指 $R_{eL} >$ 　1370　MPa、$R_m >$ 　1500　MPa 的特殊质量合金结构钢。

12. 高速工具钢经淬火和回火后,可以获得高　硬度　、高　耐磨性　和高热硬性。

13. 不锈钢是指以不锈、耐蚀性为主要特性,且铬的质量分数至少为　10.2%　,碳的质量分数最大不超过　1.2%　的钢。

14. 按使用时的组织特征分类,不锈钢可分为　铁素体　型不锈钢、　奥氏体　型不锈钢、　马氏体　型不锈钢、奥氏体-铁素体型不锈钢和沉淀硬化型不锈钢五类。

15. 钢的耐热性包括钢在高温下具有　抗氧化性　和　高温热强性　两个方面。

16. 特殊物理性能钢包括　软　磁钢、　永(硬)　磁钢、　无　磁钢以及特殊弹性钢、特殊膨胀钢、高电阻钢及合金等。

17. 铸造合金钢包括一般工程与结构用低合金铸钢、　大型　低合金铸钢、　特殊　铸钢三类。

18. 铸铁包括　白口　铸铁、　灰　铸铁、　球墨　铸铁、　可锻　铸铁、蠕墨铸铁、合金铸铁等。

19. 灰铸铁具有优良的　铸造　性能、良好的　吸振　性能、较低的　缺口　敏感性、良好的切削加工性和减磨性。但抗拉强度、塑性和韧性比钢低得多。

20. 按退火方法进行分类,可锻铸铁可分为　黑心　可锻铸铁、　珠光体　可锻铸铁和白心可锻铸铁。

21. 常用的合金铸铁有　耐磨　铸铁、　耐热　铸铁及　耐蚀　铸铁等。

22. 纯铝的密度是　2.7　g/cm^3,属于　轻　金属;纯铝的熔点是　660　℃,无铁磁性。

23. 变形铝合金按其特点和用途进行分类,可分为　防锈　铝、　硬　铝、　超硬　铝、　锻　铝等。

24. 铸造铝合金主要有:　Al-Si　系、　Al-Cu　系、　Al-Mg　系和　Al-Zn　系等合金。

25. 铝合金的时效方法可分为　自然　时效和　人工　时效两种。

26. 铜合金按其化学成分进行分类,可分为　黄　铜、　青　铜和　白　铜三类。

27. 普通黄铜是由　铜　和　锌　组成的铜合金;在普通黄铜中再加入其他元素形成的铜合金称为　特殊　黄铜。

28. 普通白铜是由　铜　和　镍　组成的铜合金;在普通白铜中再加入其他元素形成的铜合金称为　特殊　白铜。

29. 钛合金按其退火后的组织形态进行分类,可分为　α　型钛合金、　β　型钛合金和　α+β　型钛合金。

30. 镁合金受到冲击载荷时,其吸收能量比铝合金高约50%,因此,镁合金具有良好的　减振　性能和　降噪　性能。

31. 镁合金包括　变形　镁合金和　铸造　镁合金两大类。

32. 常用的滑动轴承合金有　锡　基、　铅　基、　铜　基、　铝　基滑动轴承合金等。

33. 工程材料主要是指　结构　材料,是指用于制造机械、车辆、建筑、船舶、桥梁、化工、石油、矿山、冶金、仪器仪表、航空航天、国防等领域的工程结构件的　结构　材料。

34. 工程材料按其组成特点进行分类,可分为 __金属__ 材料、__非金属__ 材料、__有机__ 高分子材料和复合材料四大类。

35. 陶瓷按其成分和来源进行分类,可分为 __普通__ 陶瓷(传统陶瓷)和 __特种__ 陶瓷(近代陶瓷)两大类。

36. 有机高分子材料按其用途和使用状态进行分类,可分为 __塑料__ 、__橡胶__ 、胶粘剂、合成纤维等。

37. 不同材料复合后,通常是其中一种材料作为 __基体__ 材料,起粘结作用;另一种材料作为增强剂材料,起 __承载__ 作用。

38. 复合材料按其增强剂种类和结构形式进行分类,可分为 __纤维__ 增强复合材料、__层叠__ 增强复合材料和 __颗粒__ 增强复合材料三类。

二、单项选择题

1. 08 钢牌号中,"08"是表示钢的平均碳的质量分数是 __C__ 。
   A. 8%　　　　　　　B. 0.8%　　　　　　C. 0.08%

2. 在下列三种钢中,__B__ 的弹性最好,__A__ 的硬度最高,__C__ 的塑性最好。
   A. T10 钢　　　　　B. 65 号钢　　　　　C. 10 号钢

3. 选择制造下列零件的钢材:冷冲压件用 __A__ ;齿轮用 __C__ ;小弹簧用 __B__ 。
   A. 10 号钢　　　　　B. 70 号钢　　　　　C. 45 号钢

4. 选择制造下列工具所用的钢材:木工工具用 __C__ ;锉刀用 __A__ ;手锯锯条用 __B__ 。
   A. T12 钢　　　　　B. T10 钢　　　　　C. T7A 钢

5. 合金渗碳钢件经过渗碳后必须进行 __A__ 后才能投入使用。
   A. 淬火加低温回火　B. 淬火加中温回火　C. 淬火加高温回火

6. 将下列合金钢牌号进行归类。耐磨钢:__B__ ;合金弹簧钢:__A__ ;合金模具钢:__C__ ;不锈钢:__D__ 。
   A. 60Si2Mn　　　　B. ZGMn13-2　　　　C. Cr12MoV　　　　D. 10Cr17

7. 为下列零件正确选材:机床主轴用 __B__ ;汽车与拖拉机的变速齿轮用 __C__ ;减振板弹簧用 __D__ ;滚动轴承用 __A__ ;拖拉机履带用 __E__ 。
   A. GCr15 钢　　　　B. 40Cr 钢　　　　　C. 20CrMnTi 钢
   D. 60Si2MnA 钢　　E. ZGMn13-3 钢

8. 为下列工具正确选材:高精度丝锥用 __B__ ;热锻模用 __D__ ;冷冲模用 __A__ ;麻花钻头用 __C__ 。
   A. Cr12MoV 钢　　　B. CrWMn 钢
   C. W18Cr4V 钢　　　D. 5CrNiMo 钢

9. 为下列零件正确选材:机床床身用 __D__ ;汽车后桥外壳用 __C__ ;柴油机曲轴用 __B__ ;排气管用 __A__ 。
   A. RuT300　　　　　B. QT700-2　　　　　C. KTH350-10　　　D. HT300

10. 为下列零件正确选材:轧辊用 __C__ ;炉底板用 __B__ ;耐酸泵用 __A__ 。
    A. HTSSi11Cu2CrRE　B. HRTCr2　　　　　C. 抗磨铸铁

11. 将相应牌号填入空格内。硬铝：__C__；防锈铝：__B__；超硬铝：__E__；铸造铝合金：__D__；铅黄铜：__A__；铍青铜：__F__。

    A. HPb59-1　　　　　　B. 5A05(LF5)　　　　　C. 2A06(LY6)

    D. ZAlSi12　　　　　　E. 7A04(LC4)　　　　　F. QBe2

12. 5A03(LF3)是__B__铝合金，属于热处理__D__的铝合金。

    A. 铸造　　　　　　B. 变形　　　　　　C. 能强化　　　　D. 不能强化

13. 某一金属材料的牌号是 T3，它是__B__。

    A. 碳的质量分数是 3％的碳素工具钢

    B. 3 号加工铜

    C. 3 号工业纯钛

14. 某一金属材料的牌号是 QT450-10，它是__B__。

    A. 低合金高强度结构钢　　　　　　B. 球墨铸铁

    C. 钛合金　　　　　　　　　　　　D. 青铜

15. 将相应牌号填入空格内。普通黄铜：__A__；特殊黄铜：__C__；锡青铜：__B__。

    A. H90　　　　　　B. QSn4-3　　　　　C. HAl77-2

三、判断题

1. T12A 钢的碳的质量分数是 12％。 （×）

2. 高碳钢的质量优于中碳钢，中碳钢的质量优于低碳钢。 （×）

3. 碳素工具钢的碳的质量分数一般都大于 0.7％。 （√）

4. 铸钢可用于铸造生产形状复杂而力学性能要求较高的零件。 （√）

5. 合金工具钢是指用于制造量具、刃具、耐冲击工具、模具等的钢种。 （√）

6. 3Cr2W8V 钢一般用来制造冷作模具。 （×）

7. GCr15 钢是高碳铬轴承钢，其铬的质量分数是 15％。 （×）

8. Cr12MoVA 钢是不锈钢。 （×）

9. 40Cr 钢是最常用的合金调质钢。 （√）

10. 软磁钢是指钢材容易被反复磁化，并在外磁场去除后磁性基本消失的特殊物理性能钢。 （√）

11. 可锻铸铁比灰铸铁的塑性好，因此，可以进行锻压加工。 （×）

12. 可锻铸铁一般只适用于制作薄壁小型铸件。 （√）

13. 变形铝合金不适合于压力加工。 （×）

14. 变形铝合金都不能用热处理强化。 （×）

15. 特殊黄铜是不含锌元素的黄铜。 （×）

16. 工业纯钛的牌号有 TA1、TA2、TA3、TA4 四个牌号，顺序号越大，杂质含量越多。 （√）

17. 镁合金的密度略比塑料大，但在同样强度情况下，镁合金的零件可以做得比塑料薄而且轻。 （√）

18. 陶瓷材料是无机非金属材料的统称，是用天然的或人工合成的粉状化合物，通过成型和高温烧结而制成的多晶体固体材料。 （√）

19. 复合材料是由两种或两种以上不同性质的材料,通过物理或化学的方法,在宏观(微观)上组成的具有新性能的材料。　　　　　　　　　　　　　　　　　　(√)

四、简答题

1. 耐磨钢常用牌号有哪些? 耐磨钢为什么具有良好的耐磨性?

答:常用牌号有 ZGMn13-1、ZGMn13-2、ZGMn13-3、ZGMn13-4 和 ZGMn13-5 等。

高锰耐磨钢经水韧处理后,其韧性与塑性好,硬度低(180～220HBW),但它在较大的压力或冲击力的作用下,由于表面层的塑性变形,迅速产生冷变形强化,同时伴随有形变马氏体产生,可使钢的表面硬度急剧提高到 52～56HRC。当旧表面磨损后,新露出的表面又可在冲击与摩擦作用下,获得新的耐磨层。因此,耐磨钢具有良好的耐磨性。

2. 冷作模具钢与热作模具钢在碳的质量分数和热处理工艺方面有何不同?

答:冷作模具钢与热作模具钢在碳的质量分数和热处理工艺的差异见下表。

钢　　种	碳的质量分数	热处理工艺
冷作模具钢	$w_C = 0.95\% \sim 2.0\%$	淬火＋低温回火
热作模具钢	$w_C = 0.3\% \sim 0.6\%$	淬火＋中(或高)温回火

3. 高速工具钢有何性能特点? 高速工具钢主要应用在哪些方面?

答:高速工具钢经过淬火和回火后,可以获得高硬度、高耐磨性和高热硬性(能够在600℃以下保持高硬度和高耐磨性)。用高速工具钢制作的刀具的切削速度比一般工具钢高得多,而且高速工具钢的强度也比碳素工具钢和低合金工具钢高 30%～50%。但高速工具钢导热性差,热加工工艺复杂。高速工具钢用于制作中速或高速切削工具,如车刀、铣刀、麻花钻头、齿轮刀具、拉刀等。

4. 说明下列钢材牌号属何类钢? 其数字和符号各表示什么?

①Q420B;②Q355NHC;③20CrMnTi;④9CrSi;⑤50CrVA;⑥GCr15SiMn;⑦Cr12MoV;⑧W6Mo5Cr4V2;⑨10Cr17。

答:① Q460B 表示屈服强度 $R_{eL} \geqslant 460$MPa,质量为 B 级的低合金高强度结构钢;

② Q355NHC 表示屈服强度 $R_{eL} \geqslant 355$MPa,质量为 C 级的焊接结构耐候钢;

③ 20CrMnTi 钢表示合金渗碳钢,其中 $w_C = 0.2\%$,$w_{Cr} = 1\%$,$w_{Mn} = 1\%$,$w_{Ti} = 1\%$;

④ 9CrSi 钢表示合金工具钢,其中 $w_C = 0.9\%$,$w_{Cr} = 1\%$,$w_{Si} = 1\%$;

⑤ 50CrVA 表示高级优质合金弹簧钢,其中 $w_C = 0.5\%$,$w_{Cr} = 1\%$,$w_V = 1\%$;

⑥ GCr15SiMn 表示高碳铬轴承钢,其中 $w_C = 0.95\% \sim 1.10\%$,$w_{Cr} = 1.5\%$,$w_{Si} = 1\%$,$w_{Mn} = 1\%$;

⑦ Cr12MoV 钢属于冷作模具钢,$w_C \geqslant 1\%$,$w_{Cr} = 12\%$,$w_{Mo} = 1\%$,$w_V = 1\%$;

⑧ W6Mo5Cr4V2 表示高速钢,$w_C = 0.8\% \sim 0.9\%$,$w_{Mo} = 5\%$,$w_{Cr} = 4\%$,$w_V = 2\%$;

⑨ 10Cr17 属于不锈钢,$w_C = 0.10\%$,$w_{Cr} = 17\%$。

5. 下列铸铁牌号属何类铸铁? 其数字和符号各表示什么?

①HT250;② QT500-7;③ KTH350-10;④ KTZ550-04;⑤ KTB380-12;⑥ RuT300;⑦HTRSi5。

答：① HT250 是灰铸铁，其抗拉强度最小值是 250MPa；

② QT500-10 是球墨铸铁，其抗拉强度最小值是 500MPa，断后伸长率最小值是 10%；

③ KTH350-10 是黑心可锻铸铁，其抗拉强度最小值是 350MPa，断后伸长率最小值是 10%；

④ KTZ550-04 是珠光体可锻铸铁，其抗拉强度最小值是 550MPa，断后伸长率最小值是 4%；

⑤ KTB380-12 是白心可锻铸铁，其抗拉强度最小值是 380MPa，断后伸长率最小值是 12%；

⑥ RuT300 是蠕墨铸铁，其抗拉强度最小值是 300MPa；

⑦ HTRSi5 是耐热铸铁，其 $w_{Si}=5\%$。

6. 铝合金热处理强化的原理与钢热处理强化的原理有何不同？

答：一般钢经淬火后，硬度和强度立即提高，塑性下降。铝合金则不同，能进行热处理强化的铝合金经淬火（固溶处理）后，其硬度和强度不能立即提高，而塑性与韧性却显著提高。但淬火后的铝合金在室温放置一段时间后，会发生时效现象，导致硬度和强度显著提高，塑性与韧性则明显下降。

7. 滑动轴承合金的组织状态有哪些类型？各有何特点？

答：滑动轴承合金的组织状态有两种类型：第一种类型是在软的基体上分布着硬质点；第二种类型是在硬的基体上分布着软质点。软基体组织的滑动轴承合金具有较好的磨合性、抗冲击性和抗振动能力，但此类滑动轴承合金承载能力较低。硬基体组织的滑动轴承合金能承受较高的载荷，但磨合性较差。

五、课外调研活动

1. 观察你周围的工具、器皿和零件等，它们是选用什么材料制造的？分析其性能（使用性能和工艺性能）有哪些要求？

答：例如，铁锁的外形部分要求有较高的强度、良好的铸造性能和切削加工性能，通常选用可锻铸铁、铸造黄铜来制造；锁芯要求具有良好的切削加工性能和耐腐蚀性能，通常选用普通黄铜来制造。

2. 针对某一新材料，请查阅相关资料，并向其他同学介绍其性能特点和用途。

答：例如，镁合金、碳纤维、新型塑料等，同学们可分组查阅相关资料，相互交流与探讨，并按新材料的性能特点和应用范围进行归纳。

第三单元 钢的热处理

一、填空题

1. 常用的加热设备主要有箱式电阻炉、__盐浴__炉、__井式__炉、火焰加热炉等。

2. 常用的冷却设备主要有__水__槽、__油__槽、盐浴、缓冷坑、吹风机等。

3. 热处理的工艺过程一般由　加热　、　保温　和　冷却　三个阶段组成。

4. 根据零件热处理的目的、加热和冷却方法的不同,热处理工艺可分为　整体　热处理、表面热处理和　化学　热处理三大类。

5. 热处理按其工序位置和目的的不同,又可分为　预备　热处理和　最终　热处理。

6. 整体热处理是对工件整体进行　穿透　加热的热处理。它包括　退火　、　正火　、淬火、淬火和回火、调质、固溶处理、水韧处理、固溶处理和时效。

7. 根据钢铁材料化学成分和退火目的的不同,退火一般分为　完全　退火、不完全退火、等温退火、　球化　退火、　去应力　退火、均匀化退火等。

8. 常用的淬火冷却介质有　水　、　油　、水溶液(如盐水、碱水等)、熔盐、熔融金属、空气等。

9. 常用的淬火方法有　单液　淬火、　双液　淬火、　马氏体　分级淬火和　贝氏体　等温淬火。

10. 根据淬火钢件在回火时的加热温度进行分类,可将回火分为　低温　回火、　中温　回火和高温回火三种。

11. 钢件　淬火　火加　高温　回火的复合热处理工艺又称为调质处理。

12. 常用的时效方法主要有自然时效、　人工　时效、热时效、　变形　时效、　振动　时效和沉淀硬化时效等。

13. 表面淬火按加热方法的不同,可分为　感应　淬火、　火焰　淬火、接触电阻加热淬火、激光淬火、电子束淬火等。

14. 根据交流电流的频率进行分类,感应淬火分为　高　频感应淬火、　中　频感应淬火和工频感应淬火三类。

15. 气相沉积按其过程的本质进行分类,可分为　化学　气相沉积和　物理　气相沉积两大类。

16. 化学热处理方法主要有渗　碳　、渗　氮　、碳氮共渗、渗硼、渗硅、渗　金属　等。

17. 化学热处理由　分解　、吸收和　扩散　三个基本过程组成。

18. 根据渗碳介质的物理状态进行分类,渗碳可分为　气体　渗碳、　液体　渗碳和固体渗碳,其中　气体　渗碳应用最广泛。

19. 目前常用的渗氮方法主要有　气体　渗氮和　离子　渗氮两种。

20. 形变热处理是将塑性　变形　和　热处理　处理结合,以提高工件力学性能的复合工艺,如工件锻后余热淬火、热轧淬火等。

二、单项选择题

1. 为了改善高碳钢($w_C > 0.6\%$)的切削加工性能,一般选择　A　作为预备热处理。

　　A. 退火　　　　　　B. 淬火　　　　　　C. 正火　　　　　　D. 回火

2. 过共析钢的淬火加热温度应选择在　A　,亚共析钢的淬火加热温度则应选择在　C　。

　　A. $Ac_1 + (30 \sim 50)\,℃$　　B. Ac_{cm}以上　　　C. $Ac_3 + (30 \sim 50)\,℃$

3. 调质处理就是＿＿A＿＿的复合热处理工艺。

　　A. 淬火＋高温回头　　　B. 淬火＋中温回火　　C. 淬火＋低温回火

4. 各种卷簧、板簧、弹簧钢丝及弹性元件等，一般采用＿＿B＿＿进行处理。

　　A. 淬火＋高温回头　　　B. 淬火＋中温回火　　C. 淬火＋低温回火

5. 感应淬火时，如果钢件表面的淬硬层深度要求较大（大于 10mm）时，可选择＿＿C＿＿。

　　A. 高频感应淬火　　　B. 中频感应淬火　　C. 工频感应淬火

6. 化学热处理与表面淬火的基本区别是＿＿C＿＿。

　　A. 加热温度不同　　　B. 组织有变化　　　C. 改变表面化学成分

7. 零件渗碳后，一般需经＿＿B＿＿处理，才能达到表面高硬度和高耐磨性目的。

　　A. 正火　　　　　　　B. 淬火＋低温回火　　C. 调质

三、判断题

1. 热处理的基本原理是借助铁碳合金相图，通过钢在加热和冷却时内部组织发生相变的基本规律，使钢材（或零件）获得人们需要的组织和使用性能，从而实现改善钢材性能目的。　　　　　　　　　　　　　　　　　　　　　　　　　　　　　　（√）

2. 钢材适宜切削加工的硬度范围一般是 170～270HBW。　　　　　　　　　　（√）

3. 球化退火主要用于过共析钢和共析钢制造的刃具、风动工具、木工工具、量具、模具、滚动轴承件等。　　　　　　　　　　　　　　　　　　　　　　　　　　　（√）

4. 高碳钢可用正火代替退火，以改善其切削加工性。　　　　　　　　　　　　（×）

5. 马氏体的硬度主要取决于马氏体中碳的质量分数高低，其中碳的质量分数越高，则其硬度也越高。　　　　　　　　　　　　　　　　　　　　　　　　　　　　　（√）

6. 一般来说，淬火钢随回火温度的升高，强度与硬度降低而塑性与韧性提高。（√）

7. 工件进行时效处理的目的是消除工件的内应力，稳定工件的组织和尺寸，改善工件的力学性能等。　　　　　　　　　　　　　　　　　　　　　　　　　　　　　（√）

8. 大型钢铁铸件、锻件、焊接件等进行时效时，常采用人工时效。　　　　　　（×）

9. 钢件感应淬火后，一般需要进行高温回火　　　　　　　　　　　　　　　　（×）

10. 渗氮是指在一定温度下于一定渗氮介质中，使氮原子渗入工件表层的化学热处理工艺。　　　　　　　　　　　　　　　　　　　　　　　　　　　　　　　　　（√）

11. 钢件渗氮后一般不需热处理（如淬火），渗氮后的表面硬度可达 68～72HRC。

　　　　　　　　　　　　　　　　　　　　　　　　　　　　　　　　　　　（√）

四、简答题

1. 完全退火、球化退火与去应力退火在加热温度和应用方面有何不同？

答：完全退火、球化退火与去应力退火在加热温度、室温组织和应用的区别见下表。

退火工艺名称	加热温度	工艺应用范围
完全退火	在 Ac_3 之上	亚共析钢
球化退火	在 Ac_1 之上	共析钢和过共析钢
去应力退火	在 Ac_1 之下	所有钢材

2. 正火与退火相比有何特点?

答:正火与退火相比,具有如下特点:加热温度比退火高;冷却速度比退火快,过冷度较大;正火后得到的室温组织比退火细,强度和硬度比退火稍高些;正火比退火操作简便、生产周期短、生产效率高、生产成本低。

3. 淬火的目的是什么?亚共析钢和过共析钢的淬火加热温度应如何选择?

答:淬火的主要目的是使钢铁材料获得马氏体(或贝氏体)组织,提高钢铁材料的硬度和强度,并与回火工艺合理配合,获得需要的使用性能。

亚共析钢淬火加热温度为 Ac_3 以上 30～50℃。共析钢和过共析钢淬火加热温度为 Ac_1 以上 30～50℃。

4. 回火的目的是什么?工件淬火后为什么要及时进行回火?

答:回火的主要目的是消除或减小钢件的内应力,稳定钢的内部组织,调整钢的性能以获得较好的强度和韧性配合。

回火是为了促进马氏体和残余奥氏体向平衡组织转变的过程。另外,淬火钢件内部存在很大的内应力,脆性大,韧性低,一般不能直接使用,如不及时消除,将会引起钢件变形,甚至开裂。

5. 高温回火、中温回火和低温回火在加热温度、所获得的室温组织、硬度及其应用方面有何不同?

答:高温回火、中温回火和低温回火在加热温度、所获得的室温组织、硬度及其应用方面的差异见下表。

回火工艺	室温组织	硬　　度	应　　用
低温回火	回火马氏体	硬度高	刃具、量具、滚动轴承等
中温回火	回火托氏体	硬度适中	弹性零件等
高温回火	回火索氏体	硬度较低	轴、连杆、齿轮、螺栓等

6. 表面淬火的目的是什么?

答:表面淬火的目的是使工件表面获得高硬度和高耐磨性,而心部保持较好的塑性和韧性,以提高其在扭转、弯曲、循环应力或在摩擦、冲击、接触应力等工作条件下的使用寿命。

7. 渗氮的目的是什么?

答:渗氮的主要目的是提高工件表层的硬度、耐磨性、热硬性、耐腐蚀性和疲劳强度。

8. 用低碳钢(20 号钢)和中碳钢(45 号钢)制造传动齿轮,为了使传动齿轮表面获得高硬度和高耐磨性,而心部具有一定的强度和韧性,各需采取怎样的热处理工艺?

答:对于低碳钢(20 号钢)制造的齿轮,为了使齿轮表面获得高硬度和高耐磨性,其心部具有一定的强度和韧性,需采取渗碳→淬火→低温回火热处理工艺。

对于中碳钢(45 号钢)制造的齿轮,为了使齿轮表面获得高硬度和高耐磨性,其心部具有一定的强度和韧性,需采取表面淬火→低温回火热处理工艺。

9. 某种磨床用齿轮,采用 40Cr 钢制造,其性能要求是:齿部表面硬度为 52～

58HRC,齿轮心部硬度是 220～250HBW。该齿轮加工工艺流程是:下料→锻造→热处理①→机械加工(粗)→热处理②→机械加工(精加工)→检验→成品。试分析"热处理①"和"热处理②"具体指何种热处理工艺? 其目的是什么?

答:"热处理①"是退火或正火工艺,其目的是细化组织,调整硬度,满足齿轮心部硬度为 220～250HBW 要求,为切削加工和第二个"热处理"做好组织准备。

"热处理②"是齿部感应加热表面淬火加低温回火工艺,其目的是满足齿部表面硬度为 52～58HRC 要求。

10. 如图 3-3-1 是 CrWMn 钢制量块的最终热处理工艺规范图。请你根据图中所标的数字和工艺流程,说明它们的工艺含义及量块的最终热处理工艺过程。

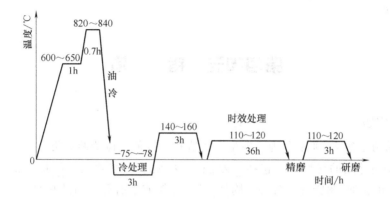

图 3-3-1　CrWMn 钢制量块的最终热处理工艺规范图

答:该热处理工艺曲线是 CrWMn 钢制量块的淬火、冷处理、低温回火和时效处理曲线。淬火曲线部分是先预热至 600～650℃,保温 60min,然后最终加热至 820～840℃,保温 42min,冷却介质是油。量块淬火后,进行冷处理,冷处理温度是 －75～－78℃,保温 180min。量块冷处理后,进行第一次低温回火,回火温度是 140～160℃,保温 180min,冷却介质是空气。量块第一次低温回火后,进行时效处理,时效温度是 110～120℃,保温 36h,冷却介质是空气,然后进行精磨加工。量块精磨后进行第二次低温回火,其回火温度是 110～120℃,保温 180min,冷却介质是空气,然后进行研磨加工。

五、课外调研活动

1. 观察你周围的工具、器皿和零件等,交流与分析其制作材料和性能(使用性能和工艺性能),它们是选用哪些热处理方法进行处理的?

答:例如,鲤鱼钳(见图 3-3-2)采用 T7 钢(或 T7A 钢)制作,要求工作部位硬度高、耐

图 3-3-2　鲤鱼钳

磨,有一定的韧性,通常选用球化退火、淬火及低温回火。

2. 同学之间相互交流与探讨,分析为什么钢件在热处理过程中总是需要进行"加热→保温→冷却"这些过程呢?

答:因为钢件的内部显微组织在室温条件下,如果要改变其组织状态,获得我们需要的组织状态是很难的(或者说是很缓慢的)。因此,需要将钢件加热到某一临界点以上的某一温度区间,获得一种中间状态的组织(如奥氏体),但奥氏体一般不是人们最终需要的组织,而是在随后的冷却过程中,采用合理的冷却方法(或冷却速度),使钢件发生相变,获得预期需要的组织,如马氏体(M)、贝氏体(B)、索氏体(S)、珠光体(P)、铁素体(F)、渗碳体(Fe_3C)等组织。所以,热处理过程中总是需要进行"加热→保温→冷却"这些过程。

第四单元　铸　　造

一、填空题

1. 铸造方法很多,通常分为　砂型　铸造和　特种　铸造两大类。

2. 砂型铸造用的材料主要包括　水洗　砂(型砂和芯砂)、　粘接　剂(黏土、膨润土、水玻璃、植物油、树脂等)、各种　附加　物(煤粉或木屑等)、旧砂和水。

3. 为了获得合格的铸件,造型材料应具备一定的强度、　可塑　性、　耐火　性、　透气　性、退让性等性能。

4. 手工造型方法有　整箱　造型、　分模　造型、　挖砂　造型、　假箱　造型、　活块　造型、　刮板　造型和　三箱　造型等。

5. 机器造型常用的紧砂方法有震实、　压实　、震压、　抛砂　、射压等几种方式,其中以震压和射压造型方式应用最广。

6. 手工制芯方法可分为　整体　式芯盒制芯、　可拆　式芯盒制芯、　对开　式芯盒制芯三种。

7. 浇注系统一般由　浇口　杯、直　浇　道、横　浇　道和内　浇　道组成。

8. 如果浇注系统设计不合理,铸件易产生冲砂、　砂　眼、　夹　渣、浇不到、　气　孔和缩孔等缺陷。

9. 合型(或合箱)是指将铸型的各个组元(如上　砂型、下　砂型、型芯、浇口杯等)组合成一个完整铸型的操作过程。

10. 清理的主要任务是去除铸件上的　浇注　系统、冒　口、型芯、粘砂以及飞边毛刺等部分。

11. 离心铸造的铸型在离心铸造机上根据需要可绕　垂直　轴旋转(或倾斜轴旋转),也可绕　水平　轴旋转。

12. 特种铸造包括金属型铸造、　熔模　铸造、　压力　铸造、　离心　铸造、低压铸造等。

二、判断题

1. 分型面是铸型组元间的接合面,即上砂型与下砂型的分界面。　　　　　　（ √ ）

2. 芯头可以形成铸件的轮廓,并对型芯进行准确定位和支承。　　　　　　（ × ）

3. 起模斜度是为了使模样容易从铸型中取出或芯子自芯盒脱出,平行于起模方向在模样或芯盒壁上设置的斜度。　　　　　　　　　　　　　　　　　　　　　　（ √ ）

4. 如果浇注温度过低,则熔融金属流动性变差,铸件会产生浇不到、冷隔等缺陷。

　　　　　　　　　　　　　　　　　　　　　　　　　　　　　　　　　　　（ √ ）

5. 零件、模样和铸件三者之间是没有差别。　　　　　　　　　　　　　　　（ × ）

6. 熔模铸造的铸型是一个整体,无分型面,它是通过熔化模样起模的。　　（ √ ）

7. 离心铸造是指液态金属在重力的作用下充型、凝固并获得铸件的铸造方法。（ × ）

三、简答题

1. 铸造生产有哪些特点?

答:(1) 铸造可以生产复杂形状的铸件。

(2) 铸造可适用于多种金属材料。

(3) 铸造生产成本相对低廉,设备比较简单。

2. 分模造型有哪些特点? 其应用范围是哪些?

答:分模造型的特点是:模样在最大截面处分开为两部分,分别在上砂箱和下砂箱中形成铸件型腔。分模造型操作简单,但模型制造稍为复杂,在合型时可能会产生错型。

　　分模造型适用于制造形状比较复杂、最大截面在中间的铸件以及带孔的铸件,如套筒、阀体、管件、箱体等铸件。

3. 如图 3-4-1 所示辊筒铸件只生产一件,该铸件的造型和制芯分别采用什么方法? 请叙述其主要操作过程。

答:由于辊筒铸件只生产一件,所以,造型可以采用分模造型方法,制芯可以采用对开式芯盒造芯。造型的主要操作过程是:准备造型材料、准备模样、准备砂箱和工具、造下砂型、造上砂型、合型、烘干。制芯的主要操作过程是:准备制芯材料、准备芯盒和工具、制型芯、烘干。

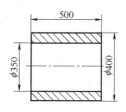

图 3-4-1　辊筒铸件

4. 如图 3-4-2 所示两种支架铸件只生产一件,该铸件可采用什么造型方法? 请叙述其主要操作过程。

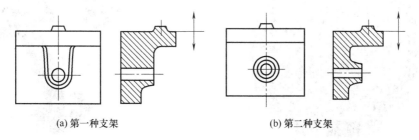

(a) 第一种支架　　　　　　　　　　(b) 第二种支架

图 3-4-2　支架铸件

答:由于第一种支架铸件只生产一件,所以,造型可以采用分模造型方法。造型的主要操作过程是:准备造型材料、准备模样、准备砂箱和工具、造下砂型、造上砂型、烘干、合型、浇注。

由于第二种支架铸件也只生产一件,所以,造型可以采用分模造型和活块造型方法。造型的主要操作过程是:准备造型材料、准备模样、准备砂箱和工具、造下砂型(包括取出活块)、造上砂型、烘干、合型、浇注。

5. 浇注系统的主要作用是什么?

答:浇注系统的主要作用是保证熔融金属均匀、平稳地流入型腔,避免熔融金属冲坏型腔;防止熔渣、砂粒或其他杂质进入型腔;调节铸件凝固顺序或补给铸件冷凝收缩时所需的液态金属;调节铸件各部分的温度分布。

6. 金属型铸造有哪些特点?

答:金属型铸造的特点是:第一,金属型可"一型多用",反复使用几百次至几万次,节省造型材料和工时,提高生产率,改善劳动条件;第二,可提高铸件尺寸精度(相当于IT14~IT12),表面质量较好($Ra = 12.5 \sim 6.3 \mu m$),加工余量小;第三,由于金属型导热快,铸件结晶组织细,力学性能高。

四、课外调研活动

1. 观察你周围的工具、器皿和零件等,交流与分析其制作材料和性能(使用性能和工艺性能),它们是选用哪些铸造方法制造的?

答:例如,市政井盖(见图 3-4-3)要求韧性好、强度高、铸造性能好,可采用球墨铸铁(如 QT500-7)制造,可采用砂型铸造中的整箱造型方法制造。

2. 同学之间相互交流与探讨,分析健身哑铃(见图 3-4-4)可采用哪些铸造方法进行生产呢?简述健身哑铃的铸造生产工艺流程。

答:健身哑铃可以采用分模造型方法铸造成型。健身哑铃的铸造生产工艺流程是:准备造型材料、准备模样、准备砂箱和工具、造下砂型、造上砂型、烘干、合型、浇注。

图 3-4-3 市政井盖

图 3-4-4 健身哑铃

第五单元 锻 压

一、填空题

1. 一般来说,金属的塑性好,变形抗力　小　,则金属的可锻性就　好　;反之,金属的塑性差,变形抗力大,则金属的可锻性就　差　。

2. 金属单晶体的变形方式主要有　滑　移和　孪　晶两种。

3. 随着金属冷变形程度的增加,金属的　强度　和硬度指标逐渐提高,但　塑性　和韧性指标逐渐下降的现象称为冷变形强化。

4. 对冷变形后的金属进行加热时,金属将相继发生　回　复、　再　结晶和晶粒长大三个变化。

5. 加热的目的是提高金属的　塑性　和韧性,降低金属的变形抗力,以改善金属的　可锻　性和获得良好的锻后组织。

6. 锻造温度范围是指　始　锻温度与　终　锻温度之间形成的温度间隔。

7. 自由锻基本工序包括　镦　粗、　拔　长、　冲　孔、扩孔、切割、弯曲、锻接、错移、扭转等。

8. 目前自由锻设备主要有　空气　锤、蒸汽-空气锤、　水压　机等。

9. 吊钩等弯曲件的锻造工序主要是　弯曲　。

10. 根据功用不同,模膛可分为　模锻　模膛和　制坯　模膛两大类。

11. 常用的胎模有　扣　模、套筒模、　摔　模、　弯曲　模、合模和冲切模等。

12. 按冲压工序的组合程度进行分类,冲压模具可分为简单冲模、　连续　冲模和　复合　冲模三种。

13. 板料冲压的基本工序包括　变形　工序和　分离　工序两大类。

14. 落料是利用冲裁工序获得一定外形的制件或坯料的冲压方法,被冲下的部分是　成品　,剩余的坯料是　废品　。

15. 为了消除回弹现象对弯曲件精度的影响,在设计弯曲模时,弯曲模的角度应比成品零件的角度小一个　回弹　角。

16. 缩口是指将管件或空心制件的端部加压,使其径向尺寸　缩小　的加工方法。

二、判断题

1. 可锻性是指金属在锻造过程中经受塑性变形而不开裂的能力。　　　　　（√）

2. 冷变形强化使金属材料的可锻性变好。　　　　　　　　　　　　　　（×）

3. 再结晶退火可以消除金属的冷变形强化现象,提高金属的塑性和韧性,提高金属的可锻性。　　　　　　　　　　　　　　　　　　　　　　　　　　　　　（√）

4. 铅(Pb)和锡(Sn)在室温下变形后,会产生冷形变强化(或加工硬化)现象。　（×）

5. 在设计和锻造机械零件时,要尽量使锻件的锻造流线与零件的轮廓相吻合。（√）

6. 形状复杂的锻件锻造后不应缓慢冷却。　　　　　　　　　　　　　　（×）

7. 冲压件材料应具有良好塑性。 （√）

8. 弯曲模的角度必须与冲压弯曲件的弯曲角度一致。 （×）

9. 落料和冲孔都属于冲裁工序,但二者的用途不同。 （√）

三、简答题

1. 锻压有何特点?

答:(1) 改善金属的内部组织,提高金属的力学性能。

(2) 节省金属材料。

(3) 具有较高的生产率。

(4) 锻件在固态下成型,其外形和结构比较简单。

(5) 应用范围广。

2. 确定始锻温度的原则是什么? 确定终锻温度的原则是什么?

答:确定始锻温度的原则是在锻件不出现过热(或过烧)的前提下,应尽量提高始锻温度,以增加坯料的塑性和韧性,降低坯料的变形抗力,以利于锻造成型加工。

确定终锻温度的原则是在保证锻造结束前锻件还具有足够的塑性和韧性,以及锻造后能获得再结晶组织的前提下,终锻温度应稍低一些。

3. 对拉深件如何防止皱折和拉裂?

答:在拉伸过程中,为了防止坯料产生皱褶,必须用压边圈(或压板)将坯料压住。压力的大小以坯料不起皱折为宜,压力过大会导致坯料拉裂。对于变形深度较大的坯料,不能一次将其拉深到位,需要多次分步进行拉深。

4. 如图 3-5-1 所示零件在小批量生产和大批量生产时,应选择哪些锻压方法生产?

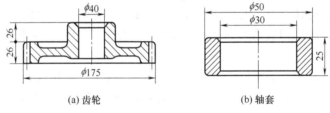

(a) 齿轮　　　　　　　　(b) 轴套

图 3-5-1　齿轮和轴套

答:小批量生产时,应选择自由锻或胎膜锻方法生产;大批量生产时,应选择模锻方法生产。

5. 如图 3-5-2 所示台阶轴要求采用 45 号钢材生产 15 件,请根据所学知识拟定台阶轴的自由锻件毛坯的锻造工序过程。

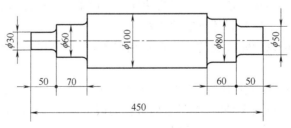

图 3-5-2　台阶轴零件图

答:由于台阶轴的生产数量较少,因此可以采用自由锻方式生产台阶轴毛坯,具体的锻造工序过程是:选材(ϕ150mm 圆钢)→下料→加热→拔长(形成 100mm 处外形)→右端第 1 次压肩→拔长(形成 ϕ80mm 处台阶)→右端第 2 次压肩→拔长(形成 ϕ50mm 处台阶)→调头→左端第 1 次压肩→拔长(形成 ϕ60mm 处台阶)→左端第 2 次压肩→拔长(形成 ϕ30mm 处台阶)→检验→预备热处理→机械加工(粗加工、半精加工)→最终热处理→机械加工(精加工)→检验→成品。

四、课外调研活动

1. 观察你周围的工具、器皿和零件等,分析其制作材料和性能(使用性能和工艺性能),它们选用哪些锻造方法生产?

答:例如,机床传动齿轮(见图 3-5-3),要求其韧性好、强度高、硬度适中、锻造性能好,通常采用 45 号钢制造,由于其生产批量不大,通常采用自由锻或胎模锻。

2. 观察金匠制作金银首饰的工艺流程,分析整个工艺流程中各个工序的作用或目的,并用所学知识试着编制某一种金银首饰的制作工艺流程。

答:以纯金制作金项链(见图 3-5-4)为例,通过观察发现小金匠锻制金项链的工艺流程是:熔化金料→冷却→锻打金料成一定形状的棒料(准备拉丝)→用火焰烧棒料(再结晶退火,软化棒料)→用拉丝模将棒料拉细→用火焰烧棒料(再结晶退火,软化棒料)→逐渐将棒料拉细到所需直径→用火焰烧棒料(再结晶退火,软化拉丝)→剪断细丝→制作第一个小链条→焊合链条,形成第一个链环→套上第二节细丝制作第二节链条→完成整个项链→抛光。

图 3-5-3　机床传动齿轮

图 3-5-4　金项链

第六单元　焊　　接

一、填空题

1. 按所使用的能源及焊接过程特点进行分类,焊接一般分为　熔化　焊、　压　焊和　钎　焊。

2. 焊接电弧由　阴极　区、　阳极　区和　弧柱　区三部分组成。

3. 焊接电弧产生的热量与焊接　电流　的平方和焊接　电压　的乘积成正比。

4. 电焊条由　焊芯　和　药皮　两部分组成。

5. 焊条药皮由稳弧剂、造气剂、　造渣　剂、　脱氧　剂、合金剂、稀释剂、粘结剂、稀渣剂和增塑剂等组成。

6. 按照焊条药皮熔化后形成的熔渣的酸碱度进行分类,焊条可分为　碱　性焊条和　酸　性焊条两类。

7. 生产中按焊接电流种类的不同,焊条电弧焊的电源可分为弧焊　变压　器和弧焊　整流　器两类。

8. 如果将焊件接阳极、焊条接阴极,则电弧热量大部分集中在焊件上,焊件熔化加快,可保证足够的熔深,此接法适用于焊接　厚　焊件,这种接法称为　正　接法。

9. 焊条电弧焊常用的工具有　焊　钳、焊接电缆、　面　罩与护目玻璃、　焊条　保温筒、手套、清洁工具(如敲渣锤)、量具等。

10. 按焊缝在空间的位置进行分类,焊接位置可分为　平　焊位置、　横　焊位置、　立　焊位置和仰焊位置四种。

11. 焊接接头基本型式有　对接　接头、　搭接　接头、　角接　接头、T形接头等。

12. 焊接接头坡口基本型式有　I　型坡口、　V　型坡口、X型坡口、　U　型坡口、双U型坡口等。

13. 焊接电弧焊的基本操作过程主要包括　引　弧、　运　条、焊缝接头和焊缝收尾等。

14. 常用的焊缝收尾有　划圈　收尾法和　后移　收尾法等。

15. 气焊设备及工具主要有　氧气　气瓶、氧气减压器、乙炔气瓶、乙炔减压器、　回火　防止器、焊炬、橡皮管等。

16. 通过改变氧气和乙炔气体的体积比,可得到　中性　焰、　碳化　焰和　氧化　焰三种不同性质的气焊火焰。

17. 气焊时,按照焊炬与焊丝的移动方向进行分类,可分为　右　向焊法和　左　向焊法两种。

18. 埋弧焊分为埋弧　自动　焊和埋弧　半自动　焊两种。

19. 氩弧焊可分为　熔化　极氩弧焊和　非熔化　极氩弧焊(钨极)两种。

20. 根据接头形式进行分类,电阻焊分为　点　焊、　缝　焊、凸焊和对焊。

21. 钎焊根据钎料熔点高低进行分类,可分为　硬　钎焊和　软　钎焊。

二、单项选择题

1. 下列焊接方法中属于熔焊的是　A　。
　　A. 焊条电弧焊　　　　B. 电阻焊　　　　C. 软钎焊

2. 阴极区的温度是　A　,阳极区的温度是　B　,弧柱区的温度是　C　。
　　A. 2400K 左右　　　B. 2600K 左右　　　C. 6000～8000K

3. 对于形状复杂、刚性较大的结构,需要保证焊件结构具有一定的塑性和韧性,应选用抗裂性好的　B　焊条。
　　A. 酸性　　　　　　B. 低氢型

4. 焊接不锈钢结构件时,应选用　C　。
　　A. 铝及铝合金焊条　　　　B. 结构钢焊条　　　　C. 不锈钢焊条

5. 气焊低碳钢时应选用　A　,气焊黄铜时应选用　B　,气焊铸铁时应选用　C　。
　　A. 中性焰　　　　　　　B. 氧化焰　　　　　　C. 碳化焰

三、判断题

1. 焊条电弧焊是非熔化极电弧焊。　　　　　　　　　　　　　　　　（×）

2. 电焊钳的作用仅仅是夹持焊条。　　　　　　　　　　　　　　　　（×）

3. 一般情况下,焊件厚度较大时应尽量选择较大直径的焊条。　　　　（√）

4. 在焊接的四种空间位置中,横焊是最容易操作的。　　　　　　　　（×）

5. 异种钢焊接时,一般以抗拉强度等级低的钢材作为选用焊条的依据。（√）

6. 气焊过程中,如果发生回火现象,应先关闭氧气调节阀。　　　　　（×）

7. 电渣焊是利用电流通过液态熔渣所产生的电阻热进行焊接的工艺方法。（√）

8. 钎焊时的温度都在 450℃ 以下。　　　　　　　　　　　　　　　（×）

四、简答题

1. 焊条的焊芯和药皮各有哪些作用?

答:焊芯的主要作用有四个方面:第一是传导焊接电流;第二是产生电弧并维持电弧稳定;第三是作为填充金属,与熔化的母材共同组成焊缝金属;第四是向焊缝添加合金元素。

药皮的主要作用是:①机械保护作用。②冶金处理和渗合金作用。③改善焊接工艺性能。

2. 为了保证焊接过程连续和顺利地进行,焊条要同时完成哪三个基本运条动作?

答:为了保证焊接质量和焊接过程连续地进行,焊条要同时协调完成三个基本运条动作:第一个动作是焊条朝熔池方向的匀速送进运动,以保持弧长稳定;第二个动作是焊条沿焊接方向的移动;第三个动作是焊条沿焊缝的横向摆动,以获得一定宽度的焊缝。

3. 用直径 15mm 的低碳钢制作圆环链,少量生产和大批量生产时各采用什么焊接方法?

答:少量生产时,可采用焊条电弧焊制作;大量生产时,可采用对焊方法制作。

五、课外调研活动

1. 观察你周围的工具、器皿和零件等,分析其制作材料和性能(使用性能和工艺性能),它选用哪些焊接方法生产?

答:例如,液化石油气瓶体(φ314,高 522),采用 Q345 钢或 20 号钢制造,板厚 3mm,要求钢材塑性好、韧性好、强度较高、焊接性能好。由于液化石油气瓶生产批量较大,因此,瓶体中部环焊缝可采用埋弧自动焊,焊丝可用 H08A、H08MnA 等。

2. 观察液化石油气罐(见图 3-6-1)的外形,同学之间相互合作,分析液化石油气罐的焊接方法和焊接生产工艺流程。

图 3-6-1　液化石油气罐

答:由于液化石油气罐的生产数量较大,因此,罐体中部的环焊缝可采用埋弧自动焊进行焊接,罐体两端的底座、阀门座、阀体保护罩等可采用焊条电弧焊进行焊接。液化石油气罐的焊接生产工艺流程如下。

选材→划线→放样→下料→冲压成型→钢材预处理(除锈等)→坡口加工→装配→焊接罐体中部的环焊缝→去应力退火→检验→焊接底座→焊接阀门座→焊接阀体保护罩→检验→打磨→涂装→成品。

第七单元　金属切削加工基础

一、填空题

1. 切削运动包括 __主__ 运动和 __进给__ 运动两个基本运动。

2. 切削三要素是指在切削加工过程中的 __切削速度__ 、__进给量__ 和 __背吃刀量__ 的总称。

3. 刀具材料主要有 __碳素__ 工具钢、__合金__ 工具钢、__高速__ 钢、硬质合金及其他新型刀具材料。

4. 硬质合金按用途范围进行分类,可分为 __切削工具__ 用硬质合金,地质、矿山工具用硬质合金,__耐磨零件__ 用硬质合金。

5. 切削工具用硬质合金牌号按使用领域进行分类,可分为 __P__ 、__M__ 、__K__ 、N、S、H 六类。

6. 以外圆车刀为例,其切削部分由 __三__ 个刀面、__两__ 个切削刃和 __一__ 个刀尖组成。

7. 外圆车刀切削部分一般有 5 个基本角度,即 __前__ 角 γ_0、__后__ 角 α_0、__主__ 角 κ_r、__副__ 角 κ_0'、__刃倾__ 角 λ_s。

8. 如果零件是轴类、法兰盘类、销套类等回转体零件,则这些零件一般需要进行 __车__ 削、磨削等加工,因此,加工此类零件时,可以选择 __车__ 刀、镗刀、__砂轮__ 等刀具。

二、单项选择题

1. 主切削刃是 __B__ 面与主后面的交线。它担负主要的切削任务。
　　A. 副后面　　　　　　　B. 前面　　　　　　　C. 基面

2. 切削刀具的前角 γ_0 是在 __B__ 内测量的前面与基面的夹角。
　　A. 切削平面　　　　　　B. 正交平面　　　　　C. 基面

3. 后角 α_0 是在 __A__ 中测量的后面与切削平面构成的夹角。
　　A. 正交平面　　　　　　B. 切削平面　　　　　C. 基面

4. 粗加工时,后角一般取 $\alpha_0 =$ __A__ ;精加工时,后角一般取 $\alpha_0 =$ __B__ 。
　　A. $5°\sim8°$　　　　　　　B. $8°\sim12°$

三、判断题

1. 主运动和进给运动可以由刀具、工件分别来完成,也可以由刀具全部完成主运动

和进给运动。 (√)

2. 增大前角 γ_0，刀具锋利，切屑容易流出，切削省力，但前角太大，则刀具强度降低。

(√)

3. 增大副偏角 κ_0' 可减小副切削刃与工件已加工表面之间的摩擦，改善散热条件，但工件表面粗糙度值 Ra 增大。 (√)

4. 硬质合金允许的切削速度比高速钢低。 (×)

5. 当零件位于粗加工阶段时，一般选择韧性比较好的高速钢刀具。 (√)

四、简答题

1. 刀具材料应具备哪些基本性能？

刀具材料必须具有高硬度、高耐磨性、高热硬性、良好的化学稳定性、足够的强度与韧性、良好的热塑性、磨削加工性、焊接性及热处理工艺性等。

2. 硬质合金的性能特点有哪些？

硬质合金硬度高（最高可达 92HRA），热硬性高，在 $800\sim1000℃$ 时，硬度可保持 60HRC 以上；耐磨性好，比高速钢要高 $15\sim20$ 倍；其所允许的切削速度为高速钢的 $4\sim10$ 倍，刀具寿命可提高 $5\sim80$ 倍。硬质合金具有的优良特性是由其组成成分决定的，因为组成硬质合金的主要成分 WC、TiC、TaC 和 NbC 都具有很高的硬度、耐磨性和热稳定性。但硬质合金与高速钢相比，价格高，抗弯强度低，韧性较差，线膨胀系数小，导热性差，怕振动和冲击，成型加工较难。

五、课外调研活动

1. 观察你周围的工具和零件，分析其制作材料和性能（使用性能和工艺性能），它可选用哪些刀具进行加工？

答：例如，门锁的锁体（见图 3-7-1），其要求具有一定的塑性和韧性、强度较高、切削性能好，采用可锻铸铁制作，门锁体上的孔采用钻头加工，门锁体的上下端面采用铣削加工。

图 3-7-1　门锁

2. 观察各种刀具的特点，同学之间相互交流与探讨，分析它们之间的演变关系。

答：例如，圆周铣刀（见图 3-7-2）是由几个车刀经过变形组成的；端铣刀（见图 3-7-3）

图 3-7-2　圆周铣刀

图 3-7-3　端铣刀

是由几个车刀镶嵌在刀体上组成的。

第八单元　金属切削机床及其应用

一、填空题

1. 钻床种类很多,其中　台式　钻床、　立式　钻床和摇臂钻床是最常用的钻床。

2. 钻孔属于孔的　粗　加工阶段。为了获得精度较高的孔,钻孔后还可进一步进行　扩　孔、铰孔及磨孔等加工。

3. 车床种类繁多,按结构、性能和工艺特点分类,车床可分为　卧式　车床、立式　车床、转塔车床、单轴自动车床、多轴自动和半自动车床、仿形车床及多刀车床和各种专门化车床。

4. 卧式车床主要由左右床脚、床身、　主轴　箱、交换齿轮箱、　进给　箱、　光杠、丝杠、溜板箱、刀架和尾座等部分构成。

5. 车刀种类很多,常用车刀有　整体　式车刀、　焊接　式车刀、机械夹固式车刀等。

6. 车床上常用的专用夹具有卡盘(三爪自定心卡盘和四爪单动卡盘)、　花　盘、顶尖(死顶尖和活顶尖)、拨盘、鸡心夹头、　中心　架、　跟刀　架和心轴等。

7. 车削一般分为　粗　车、半精车、　精　车和精细车四个精度级别。

8. 铣床种类较多,主要有　卧　式升降台铣床、　立　式升降台铣床、仿形铣床、工具铣床、龙门铣床及数控铣床等。

9. 角度铣刀、　T　形槽铣刀、　燕　尾槽铣刀、铣齿刀等主要用于加工成型面。

10. 铣床常用工具有机床用平口虎钳、螺栓压板、　回转　工作台、万能　分度　头和万能铣头等。

11. 铣削平面的方法主要有　圆周　铣削(或称周铣)和　端面　铣削(或称端铣)。

12. 数控机床通常由输入/输出装置、　数控　装置、　伺服　驱动控制装置、机床电器逻辑控制装置和机床等组成。

13. 在数控加工程序中,需要使用各种　M　指令和　G　指令来描述工艺过程的各种操作和运动特征。

14. 刨床是平面加工机床,刨床类机床主要有　牛头　刨床、　龙门　刨床和悬臂刨床等。

15. 刨削加工常用的刨刀主要有　平面　刨刀、偏刀、　角度　刨刀、切刀、弯切刀、成型刀等。

16. 插床主要有普通插床、　键槽　插床、　龙门　插床和移动式插床等。

17. 镗床是进行孔和端面加工的机床,主要有　卧式　镗床、　坐标　镗床、精镗床等。

18. 镗削加工时,主运动是镗刀的 __回转__ 运动,工件或镗刀移动是 __进给__ 运动。

19. 平面磨床主要有 __卧__ 轴矩台平面磨床和 __立__ 轴圆台平面磨床。

20. 磨床的主要应用范围是磨削各种内外圆柱面、__平__ 面、沟槽、__成型__ 面(如齿轮、螺纹)等。

21. 拉削时,拉刀可使工件被加工表面在一次走刀中完成粗加工、__半精__ 加工和 __精__ 加工,缩短了辅助时间,因此,生产效率较高。

22. 特种加工方法种类较多,主要有电火花加工、__电解__ 加工、超声波加工、__激光__ 加工、电子束加工和离子束加工等。

23. 电解加工机床主要有机床 __主__ 体、__直__ 流电源和电解液系统组成。

24. 根据采用的加工介质分类,可分为 __自然__ 绿色加工和 __辅助__ 绿色加工。

25. 工业机器人由主体、__驱动__ 系统和 __控制__ 系统三个基本部分组成。

26. 生产过程一般包括 __工艺__ 过程和 __辅助__ 过程两部分。

27. 一道工序由若干个安装、__工__ 步、__工__ 位、走刀等单元组成。

28. 工件的安装方式一般有 __专用__ 夹具安装、__划__ 线找正安装和直接找正安装三种。

29. 根据生产纲领的不同,并考虑产品的体积、质量和其他特征,可将生产类型分为 __单件__ 生产、成批生产和 __大批__ 生产三种。

30. 基准根据其作用的不同,可分为 __设计__ 基准和 __工艺__ 基准两大类。

31. 工艺基准按用途可分为工序基准、__定位__ 基准、__测量__ 基准和装配基准。

32. 通常机械零件的生产过程包括 __毛坯__ 成型和 __切削__ 加工两个阶段。

33. 通常将调质处理安排在 __粗__ 加工之后,半精加工之 __前__ 。

34. 辅助工序是指检验、去 __毛刺__ 、划线、校直、__清__ 洗、涂装防锈油等。

二、单项选择题

1. 丝杠是专门用来车削各种 __A__ 而设置的。
   A. 螺纹　　　　　　B. 外圆面　　　　　　C. 圆锥面

2. 在车床上加工不规则形状的工件时,应选用 __B__ 。
   A. 三爪自定心卡盘　　B. 花盘

3. __A__ 是指铣削过程中工件的进给方向与铣刀的旋转方向相同的铣削方法。
   A. 顺铣　　　　　　B. 逆铣

4. 刨削加工的 __B__ 运动是刨刀的直线往复运动,刨刀前进是 __A__ 行程,刨刀退回是 __C__ 行程。
   A. 工作　　　　　　B. 主　　　　　　　C. 空

5. 粗磨时适宜选用粒度号 __A__ 的砂轮(颗粒较粗);精磨时则适宜选用粒度号 __B__ 的砂轮(颗粒较细)。
   A. 较小　　　　　　B. 较大

三、判断题

1. 金属切削机床的主参数表示机床规格的大小和工作能力。　　　　　　　(√)

2. 钻孔加工质量高,属于精加工。 （×）

3. 跟刀架适用于夹持不带台阶的细长轴类工件。 （√）

4. 端面铣削是用端铣刀端面刀齿进行铣削的方法。 （√）

5. 超声波加工适合于加工各种软材料。 （×）

6. 虚拟制造技术的实质就是利用计算机进行建模和仿真,使新产品开发过程在计算机上模拟进行,不需要消耗物理资源。 （√）

7. 安装仅仅涉及夹紧操作。 （×）

8. 工艺基准是设计零件和装配机器过程中使用的基准。 （×）

9. 通常粗基准只使用一次。 （√）

10. 选择精基准时,应有利于保证工件的加工精度并使工件装夹准确、牢固、方便。

（√）

四、简答题

1. 车削加工的工艺特点有哪些?

答:(1) 容易保证工件各个加工表面的位置精度。

(2) 所用刀具简单,制造、刃磨和安装很方便,也可以根据具体需要灵活选择刀具角度。

(3) 车削加工一般为连续切削,没有刀齿切入和切出的冲击,而且可以采用较高的切削速度或背吃刀量,因此,切削过程平稳,生产率高。

(4) 车削加工主要由工人手工操作,适用于单件、小批生产,适用于切削非铁金属、塑料、复合材料以及经过退火、正火、调质的钢铁材料等。

(5) 车削适用工艺范围很广,既可以车削轴类、圆盘类、套筒类等工件,又可车削沟槽、螺纹及成型面等。

2. 粗车、半精车、精车和精细车的目的是什么?

答:粗车的目的是迅速地切去毛坯的硬皮和大部分加工余量,提高生产率;半精车的目的是切除粗加工后留下的误差,使工件达到一定精度要求,并为精车作准备;精车的目的是满足工件较高的加工精度;精细车的目的是满足高精度工件的加工需要。

3. 卧式铣床的主运动是什么? 进给运动是什么?

答:主运动是铣刀的旋转运动,进给运动包括纵向进给运动、横向进给运动和垂直方向进给运动。

4. 铣削加工的工艺特点有哪些?

答:铣削应用广泛,生产率较高;铣刀散热条件较好;铣削加工质量不如车削加工质量高;铣床结构比较复杂,铣刀制造和刃磨较困难,铣削加工成本较高。

5. 数控加工的工艺特点有哪些?

答:在加工方面具有高度柔性,适应性较强;零件加工精度高,加工质量稳定;自动化程度高,工序高度集中,生产效率高,技术含量高;减轻操作人员的劳动强度,改善劳动条件和环境,便于实现现代化管理;数控机床的不足之处是初期设备投入较大,要求管理人员和操作人员的素质较高。

6. 插床与牛头刨床相比有何差别?

答:插床实际上是立式牛头刨床,它与牛头刨床的主要区别在于滑枕是直立的,主运动是插刀沿垂直方向作直线往复运动,插刀向下移动是工作行程,插刀向上移动是空行程。

7. 磨削的工艺特点有哪些?

答:磨削可以加工其他机床不能加工或很难加工的高硬度材料;磨削速度高,在磨削过程中产生的温度高;砂轮具有自锐性;磨削具有较强的适应性,可以获得高精度和低粗糙度值的加工表面。

8. 外圆柱面的磨削方法有哪些?各适用于加工哪些工件?

答:磨削外圆柱面时,主要有纵向磨削法、切入磨削法和混合磨削法。纵向磨削法适合于磨削细长轴类工件;切入磨削法主要用于磨削工件刚性较好、长度较短的外圆表面以及有台阶的轴颈;混合磨削法适合于磨削加工余量较大和刚性较好的工件。

9. 拉削的工艺特点有哪些?

答:拉削的工艺特点是:生产效率高;加工精度高,表面粗糙度值较小;拉床结构和操作比较简单,拉削过程平稳;拉削适应性差;拉刀制造成本高,拉削适用于大批量生产。

10. 电火花加工有何特点?

答:电火花加工的特点是:可以加工任何高熔点、高强度、高硬度、高脆性、高黏性、高韧性、高纯度的导电材料,能够实现"以柔克刚"的加工效果;电火花加工是一种非接触式加工方法,加工时"无切削力",几乎没有热变形影响;只需更换工具电极和调节脉冲参数,就能在一台电火花加工机床上进行粗加工、半精加工和精加工。

11. 选择粗基准的基本原则有哪些?

答:选择粗基准时应遵循以下一些基本原则。

(1) 保证零件各表面相互位置要求原则。

(2) 合理分配加工余量原则。

(3) 便于工件装夹原则。

(4) 粗基准不得重复使用原则。

12. 选择精基准的基本原则有哪些?

答:选择精基准时应遵循以下一些基本原则。

(1) 基准重合原则。

(2) 基准统一原则。

(3) 互为基准原则。

(4) 自为基准原则。

13. 划分零件加工工艺过程的目的是什么?

答:划分零件加工工艺过程的目的如下。

(1) 为了保证加工质量,便于合理安排热处理工序。

(2) 有利于合理使用现有设备、人力和物力,以便科学有效地组织生产过程。

(3) 能够及时地对工件进行检验,及早地发现加工过程中存在的缺陷。

(4) 有利于保护精加工面。

14. 机械加工工序安排的基本原则有哪些?

答:合理安排机械加工工序的基本原则如下。

(1) 基准先行原则。

(2) 先粗后精原则。

(3) 先面后孔原则。

(4) 先主要后次要原则。

五、课外调研活动

1. 观察你周围的工具和零件,分析其制作材料和性能(使用性能和工艺性能),它可以选用哪些机械加工方法完成?

答:例如,六角头大螺栓零件(见图 3-8-1),采用 Q235 钢或 25 号钢制造,要求塑性好、韧性好、强度较高、切削性能好,通常六角头大螺栓的头部采用铣削加工;螺杆部分采用车削加工和螺纹加工。

图 3-8-1   六角头大螺栓

2. 特种加工不同于传统加工方法,它是科技人员从"逆向思维"的角度思考问题,研发出的新奇加工工艺,在现有的特种加工方法基础上,你还能想到哪些新的加工方法?

答:逆向思维是对司空见惯的似乎已成定论的事物或观点反过来思考的一种思维方式。它敢于反其道而思之,让思维向对立面的方向发展,从问题的相反面深入地进行探索,树立新思想,创立新形象。当大家都朝着一个固定的思维方向思考问题时,而你却独自朝相反的方向思索,这样的思维方式称为逆向思维或反向思维。人们习惯于沿着事物发展的正方向去思考问题并寻求解决办法。其实,对于某些问题,尤其是一些特殊问题,从结论往回推,倒过来思考,从求解回到已知条件,反过去想或许会使问题简单化。合理利用逆向思维方式可以解决一些正常思维方式所解决不了问题,达到四两拨千斤、出奇制胜、简单新奇、喜出望外、柳暗花明的效果。

例如,司马光砸缸(见图 3-8-2)的故事就是生活中的典型逆向思维案例;再如,洗衣机的脱水缸(见图 3-8-3),它的转轴是软的,用手轻轻一推,脱水缸就东倒西歪。可是脱水缸在高速旋转时,却非常平稳,脱水效果很好。当初设计时,为了解决脱水缸的颤抖和由此产生的噪声问题,工程技术人员想了许多办法,先加粗转轴,无效,后加硬转轴,仍然无效。

图 3-8-2   司马光砸缸

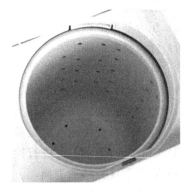

图 3-8-3   洗衣机脱水缸

最后,他们来了个逆向思维,弃硬就软,用软轴代替了硬轴,则成功地解决了颤抖和噪声两大问题,这是一个由逆向思维而诞生的创造发明的典型案例。

第九单元 钳 工

一、填空题

1. 钳工的工作内容主要包括划线、__錾削__、__锉削__、锯割、钻孔、扩孔、铰孔、锪孔、攻螺纹、套螺纹、刮削、__研磨__、矫正、弯曲和铆接等。

2. 钳工职业等级共划分为五个级别:__初__级(国家职业资格五级)、__中__级(国家职业资格四级)、高级(国家职业资格三级)、技师(国家职业资格二级)、高级技师(国家职业资格一级)。

3. 钳工职业技能鉴定方式包括__理论__知识考试和__技能__操作考核。

4. 钳工常用的设备主要有钳工__工作__台、__台虎钳__、砂轮机、钻床(如台式钻床、立式钻床、摇臂钻床)等。

5. 划线通常分为__平面__划线和__立体__划线两种。

6. 钳工用划线工具主要有__划针__、__划针__盘、高度尺、划线平台、划规与划卡、90°角尺、样冲、V形铁、万能角度尺、千斤顶等。

7. 錾削工具主要有__手锤__以及各种类型的__錾子__。

8. 錾子的刃磨顺序是:磨__两斜面__→磨__两侧面__→磨头部錾子的楔角 β_0。

9. 手锤的握法有__紧__握法和__松__握法两种。

10. 挥锤方法主要有__臂__挥、__肘__挥和腕挥等。

11. 手锯由锯__弓__和锯__条__组成。锯弓有__固定__式锯弓和__可调__式锯弓两种。

12. 锯条是锯削工具,按锯齿的大小进行分类,可分为__粗__齿锯条、__中__齿锯条和细齿锯条三种。

13. 锯条安装时,必须注意安装方向,__齿尖__的方向朝前。如果安装方向相反,就不能正常进行锯削。

14. 粗齿锯条适用于锯削__铜__、__铝__、__铸铁__、低碳钢等较软材料或较厚的工件;细齿锯条适用于锯削较硬材料、薄板、薄管等。

15. 锉刀按用途进行分类,可分为__普通__锉刀、__整形__锉刀和__特种__锉刀。

16. 锉削时的往复速度不能太快,通常以每分钟__40__个来回为最佳。

17. 平面锉削基本上采用__交叉__锉法、__顺向__锉法以及推锉法。

18. 锉削外圆弧面时,分为__顺__着圆弧面锉削和__横__着圆弧面锉削两种方法。

19. 铰刀可分为__手__用铰刀和__机__用铰刀两大类。

20. 攻螺纹就是用丝锥加工__内__螺纹的操作;套螺纹是用板牙加工__外__螺纹的操作。

21. 刮刀分为__平面__刮刀和__曲面__刮刀两种。

22. 刮削分为　平面　刮削和　曲面　刮削,而平面刮削的姿势又分为　挺　刮式和平刮式刮削两种。

23. 刮削一般按　粗刮　、　细刮　、　精　刮步骤进行。

24. 常见的工件矫正方法有　直接　回曲法和　延展　法。

二、简答题

1. 常见的划线基准有哪些类型?

答:划线基准通常有以下三种类型。

(1) 以两个互相垂直的平面为基准。

(2) 以一个平面和一个中心平面为基准。

(3) 以两个互相垂直的中心平面为基准。

2. 简述錾子的热处理过程。

答:将錾子的刃部 20～30mm 长的一段放入炉中加热,当加热至暗樱红色时,用钳子迅速取出垂直插入水中 4～6mm。当露出水面部分呈暗棕色时,提起錾子,这时开始观察錾子刃部的颜色变化情况(看不清可用砂布擦一下)。錾子刃部的颜色变化顺序是:灰白色→黄色→红色→紫色。当刃部的颜色变为紫色时,迅速把錾子整体放入水中冷却到室温,则完成了整个热处理过程。

3. 简述薄板材料的錾削操作要领。

答:划出工件的錾切线,使之与台虎钳钳口平齐,然后夹紧。用扁錾沿与钳口成 45°左右,自右向左錾切。錾切时,通常将有用的那部分材料夹持在钳口下面,因为钳口上面的材料在錾削时容易弯曲变形。

4. 选用锉刀应考虑哪些方面?

答:(1) 根据工件的形状和加工面大小选择相应的锉刀形状和规格。

(2) 根据工件材质、加工余量、加工精度和表面粗糙度 Ra 值要求来选择锉刀的粗细。通常材料较软、锉削加工余量较大、表面质量要求较低的工件要选用粗纹锉刀;材料硬、锉削加工余量小、表面质量要求高的工件则要选用中纹锉刀或细纹锉刀。

5. 攻螺纹和套螺纹过程中的注意事项有哪些?

答:(1) 对韧性材料进行攻螺纹或套螺纹时要加机油或乳化液进行润滑。

(2) 攻螺纹和套螺纹过程中丝锥和板牙要准确套入,并且在进行切削过程中要均匀用力,不要使铰杠或板牙架摆动,以免螺纹产生偏斜。

(3) 攻螺纹和套螺纹过程中要经常倒转铰杠或板牙架,以利断屑和排屑。

6. 简述挺刮式刮削的一般操作过程。

答:刮刀柄顶在腹部右下侧肌肉处,双手握紧刮刀前端,两腿叉开,双手压刮刀,用腿部和臀部的力量使刮刀向前,然后右手引导刮刀方向,左手将其迅速提起,完成一次刮削。

三、实作思考题

1. 如图 3-9-1 所示是小手锤零件图,请按图中要求制定小手锤的钳工制作工艺过程。

答:(略)

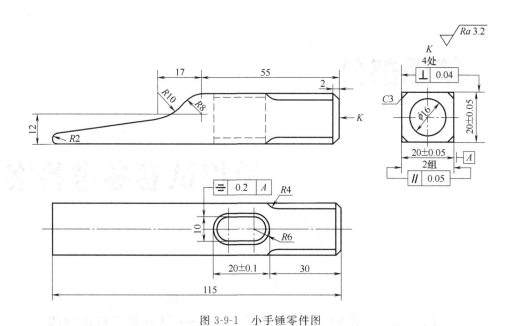

图 3-9-1 小手锤零件图

2. 如图 3-9-2 所示是六角体镶嵌套零件图,请按图中要求制定六角体镶嵌套的钳工制作工艺过程。

答:(略)

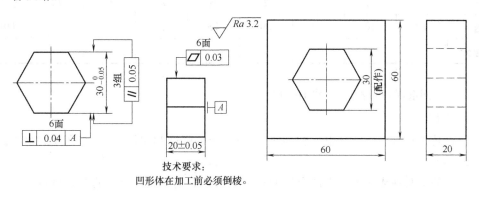

技术要求:
凹形体在加工前必须倒棱。

图 3-9-2 六角体镶嵌套零件图

第四部分

模拟试卷参考答案

_____学校

20 —20 学年 学期 金属加工与实训——基础常识与技能训练

模拟试卷 A

专业_____ 班级_____ 姓名_____ 学号_____

题号	一	二	三	四	五	六	七	八	总分
题分	10	40	10	20	15	5			100
得分									

一、名词解释(每题 2 分,共 10 分)

1. 金属

金属是指具有良好的导电性和导热性,有一定的强度和塑性,并具有光泽的物质。

2. 合金

合金是指两种或两种以上的金属元素或金属与非金属元素组成的金属材料。

3. 工艺性能

工艺性能是指机械零件在加工制造过程中,金属材料在预先制定的热加工和冷加工工艺条件下表现出来的性能。

4. 塑性

塑性是指金属材料在断裂前发生不可逆永久变形的能力。

5. 硬度

硬度是金属材料抵抗外物压入的能力。

二、填空题(每空 1 分,共 40 分)

1. 金属材料的性能包括__使用__性能和__工艺__性能。

2. 250HBW10/1000/30 表示用直径是__10__ mm 的压头,压头材质是__硬质合金__,

在 __1000__ kgf(9.807kN)压力下,保持 __30__ s,测得的 __布氏__ 硬度值是 __250__ 。

3. 金属材料的疲劳断裂断口一般由 __微裂源__ 、 __扩展区__ 和 __瞬断区__ 组成。

4. 合金钢按其主要质量等级进行分类,可分为 __优质__ 合金钢和 __特殊质量__ 合金钢两类。

5. 热处理的工艺过程一般由 __加热__ 、 __保温__ 和 __冷却__ 三个阶段组成。

6. 根据淬火钢件在回火时的加热温度进行分类,可将回火分为 __低温__ 回火、 __中温__ 回火和高温回火三种。

7. 特种铸造包括金属型铸造、 __熔模__ 铸造、 __压力__ 铸造、 __离心__ 铸造、低压铸造等。

8. 锻造温度范围是指 __始__ 锻温度与 __终__ 锻温度之间形成的温度间隔。

9. 板料冲压的基本工序包括 __变形__ 工序和 __分离__ 工序两大类。

10. 如果将焊件接阳极、焊条接阴极,则电弧热量大部分集中在焊件上,焊件熔化加快,可保证足够的熔深,此接法适用于焊接 __厚__ 焊件,这种接法称为 __正__ 接法。

11. 切削运动包括 __主__ 运动和 __进给__ 运动两个基本运动。

12. 车床种类繁多,按结构、性能和工艺特点分类,车床可分为 __卧式__ 车床、 __立式__ 车床、转塔车床、单轴自动车床、多轴自动和半自动车床、仿形车床及多刀车床和各种专门化车床。

13. 车床上常用的专用夹具有卡盘(三爪自定心卡盘和四爪单动卡盘)、 __花__ 盘、顶尖(死顶尖和活顶尖)、拨盘、鸡心夹头、 __中心__ 架、 __跟刀__ 架和心轴等。

14. 平面磨床主要有 __卧__ 轴矩台平面磨床及 __立__ 轴圆台平面磨床。

15. 生产过程一般包括 __工艺__ 过程和 __辅助__ 过程两部分。

16. 钳工职业技能鉴定方式包括 __理论__ 知识考试和 __技能__ 操作考核。

三、判断题(请用"×"或"√"判断,每题 1 分,共 10 分)

1. 所有金属材料在拉伸试验时都会出现显著的屈服现象。　　　　　　　(×)

2. 40Cr 钢是最常用的合金调质钢。　　　　　　　　　　　　　　　(√)

3. 特殊黄铜是不含锌元素的黄铜。　　　　　　　　　　　　　　　　(×)

4. 陶瓷材料是无机非金属材料的统称,是用天然的或人工合成的粉状化合物,通过成型和高温烧结而制成的多晶体固体材料。　　　　　　　　　　　　　(√)

5. 钢件感应淬火后,一般需要进行高温回火　　　　　　　　　　　　(×)

6. 熔模铸造的铸型是一个整体,无分型面,它是通过熔化模样起模的。　(√)

7. 在设计和锻造机械零件时,要尽量使锻件的锻造流线与零件的轮廓相吻合。(√)

8. 弯曲模的角度必须与冲压弯曲件的弯曲角度一致。　　　　　　　　　(×)

9. 在焊接的四种空间位置中,横焊是最容易操作的。　　　　　　　　　(×)

10. 主运动和进给运动可以由刀具、工件分别来完成,也可以是由刀具全部完成主运动和进给运动。　　　　　　　　　　　　　　　　　　　　　　　(√)

四、单项选择题(每空 1 分,共 20 分)

1. 拉伸试验时,拉伸试样拉断前能承受的最大标称应力称为材料的 __B__ 。

A. 屈服强度　　　　　　　　B. 抗拉强度

2. 测定退火钢材的硬度时,一般常选用　A　来测试。

A. 布氏硬度计　　　　　　　B. 洛氏硬度计

3. 08 钢牌号中,"08"是表示钢的平均碳的质量分数是　C　。

A. 8%　　　　　　B. 0.8%　　　　　　C. 0.08%

4. 选择制造下列工具所用的钢材:木工工具用　C　;锉刀用　A　;手锯锯条用　B　。

A. T12 钢　　　　　　B. T10 钢　　　　　　C. T7A 钢

5. 为下列工具正确选材:高精度丝锥用　B　;热锻模用　D　;冷冲模用　A　;麻花钻头用　C　。

A. Cr12MoV 钢　　　B. CrWMn 钢　　　C. W18Cr4V 钢　　　D. 5CrNiMo 钢

6. 某一金属材料的牌号是 T3,它是　B　。

A. 碳的质量分数是 3% 的碳素工具钢

B. 3 号加工铜

C. 3 号工业纯钛

7. 某一金属材料的牌号是 QT450-10,它是　B　。

A. 低合金高强度结构钢　　　　　　　B. 球墨铸铁

C. 钛合金　　　　　　　　　　　　　D. 青铜

8. 过共析钢的淬火加热温度应选择在　A　,亚共析钢的淬火加热温度则应选择在　C　。

A. $Ac_1 + (30 \sim 50)$℃　　B. Ac_{cm} 以上　　　C. $Ac_3 + (30 \sim 50)$℃

9. 各种卷簧、板簧、弹簧钢丝及弹性元件等,一般采用　B　进行处理。

A. 淬火+高温回头　　B. 淬火+中温回火　　C. 淬火+低温回火

10. 下列焊接方法中属于熔焊的是　A　。

A. 焊条电弧焊　　　　B. 电阻焊　　　　　C. 软钎焊

11. 主切削刃是　B　面与主后面的交线。它担负主要的切削任务。

A. 副后面　　　　　　B. 前面　　　　　　C. 基面

12. 丝杠是专门用来车削各种　A　而设置的。

A. 螺纹　　　　　　　B. 外圆面　　　　　C. 圆锥面

13. 粗磨时适宜选用粒度号　A　的砂轮(颗粒较粗);精磨时则适宜选用粒度号　B　的砂轮(颗粒较细)。

A. 较小　　　　　　　B. 较大

五、简答题(每题 3 分,共 15 分)

1. 冷作模具钢与热作模具钢在碳的质量分数和热处理工艺方面有何不同?

答:冷作模具钢与热作模具钢在碳的质量分数和热处理工艺方面的差异见下表所示。

钢　种	碳的质量分数	热处理工艺
冷作模具钢	$w_C = 0.95\% \sim 2.0\%$	淬火+低温回火
热作模具钢	$w_C = 0.3\% \sim 0.6\%$	淬火+中(或高)温回火

2. 表面淬火的目的是什么？

答：淬火的主要目的是使钢铁材料获得马氏体(或贝氏体)组织,提高钢铁材料的硬度和强度,并与回火工艺合理配合,获得需要的使用性能。

3. 对拉深件如何防止皱折和拉裂？

答：在拉伸过程中,为了防止坯料产生皱折,必须用压边圈(或压板)将坯料压住。压力的大小以坯料不起皱折为宜,压力过大会导致坯料拉裂。对于变形深度较大的坯料,不能一次将其拉深到位,需要多次分步进行拉深。

4. 为了保证焊接过程连续和顺利地进行,焊条要同时完成哪三个基本运条动作？

答：为了保证焊接质量和焊接过程连续地进行,焊条要同时协调完成三个基本运条动作：第一个动作是焊条朝熔池方向的匀速送进运动,以保持弧长稳定；第二个动作是焊条沿焊接方向的移动；第三个动作是焊条沿焊缝的横向摆动,以获得一定宽度的焊缝。

5. 卧式铣床的主运动是什么？进给运动是什么？

答：主运动是铣刀的旋转运动,进给运动包括纵向进给运动、横向进给运动和垂直方向进给运动。

六、观察与思考题(共 5 分)

观察六角头大螺栓零件(见图 4-1-1),分析其制作材料和性能(使用性能和工艺性能),它可以选用哪些机械加工方法完成？

答：六角头大螺栓,通常采用 Q235 钢或 25 号钢制造,要求塑性好、韧性好、强度较高、切削性能好,通常六角头大螺栓的头部采用铣削加工；螺杆部分采用车削加工和螺纹加工。

图 4-1-1 六角头大螺栓

_____学校

20 —20 学年 学期 金属加工与实训——基础常识与技能训练

模拟试卷 B

专业_____ 班级_____ 姓名_____ 学号_____

题号	一	二	三	四	五	六	七	八	总分
题分	10	40	10	20	15	5			100
得分									

一、名词解释(每题 2 分,共 10 分)

1. 金属材料

金属材料是由金属元素或以金属元素为主要材料,其他金属或非金属元素为辅构成的,并具有金属特性的工程材料。

2. 钢铁材料

钢铁材料(或称黑色金属)是指以铁或以铁为主面构成的金属材料。

3. 使用性能

使用性能是指机械零件在使用条件下,金属材料表现出来的性能。

4. 抗拉强度

抗拉强度是指拉伸试样拉断前承受的最大标称拉应力。

5. 韧性

韧性是金属材料在断裂前吸收变形能量的能力。

二、填空题(每空 1 分,共 40 分)

1. 金属加工方法主要包括__热__加工和__冷__加工两大类。

2. 根据载荷大小、方向和作用点是否随时间变化,可以将载荷分为__静__载荷和__动__载荷。

3. 常用的硬度表示方法有__布__氏硬度、__洛__氏硬度和__维__氏硬度。

4. 非合金钢按其碳的质量分数高低进行分类,可分为__低__碳钢、__中__碳钢和__高__碳钢三类。

5. 60Si2Mn 是__合金弹簧__钢,它的最终热处理方法是__淬火加中温回火__。

6. 灰铸铁具有优良的__铸造__性能、良好的__吸振__性能、较低的__缺口__敏感性、良好的切削加工性和减摩性。但抗拉强度、塑性和韧性比钢低得多。

7. 变形铝合金按其特点和用途进行分类,可分为__防锈__铝、__硬__铝、__超硬__铝、__锻__铝等。

8. 普通黄铜是由__铜__和__锌__组成的铜合金;在普通黄铜中再加入其他元素所形成的铜合金称为__特殊__黄铜。

9. 钛合金按其退火后的组织形态进行分类,可分为__α__型钛合金、__β__型钛合金和__α+β__型钛合金。

10. 陶瓷按其成分和来源进行分类,可分为__普通__陶瓷(传统陶瓷)和__特种__陶瓷(近代陶瓷)两大类。

11. 表面淬火按加热方法的不同,可分为__感应__淬火、__火焰__淬火、接触电阻加热淬火、激光淬火、电子束淬火等。

12. 浇注系统一般由__浇口__杯、__直__浇道、__横__浇道和__内__浇道组成。

13. 锻造温度范围是指__始__锻温度与__终__锻温度之间形成的温度间隔。

14. 按使用的能源及焊接过程特点进行分类,焊接一般分为__熔化__焊、__压__焊和__钎__焊。

15. 通常将调质处理安排在__粗__加工之后,半精加工之__前__。

三、判断题(请用"×"或"√"判断,每题 1 分,共 10 分)

1. 弹性变形会随载荷的去除而消失。   (√)

2. 吸收能量 K 对温度不敏感。   (×)

3. Cr12MoVA 钢是不锈钢。   (×)

4. 可锻铸铁比灰铸铁的塑性好,因此,可以进行锻压加工。   (×)

5. 变形铝合金都不能用热处理强化。   (×)

6. 高碳钢可用正火代替退火,以改善其切削加工性。   (×)

7. 一般来说,淬火钢随回火温度的升高,强度与硬度降低而塑性与韧性提高。　（√）

8. 冲压件材料应具有良好塑性。　（√）

9. 电焊钳的作用仅仅是夹持焊条。　（×）

10. 增大前角 γ_0,刀具锋利,切屑容易流出,切削省力,但前角太大,则刀具强度降低。

（√）

四、单项选择题(每空 1 分,共 20 分)

1. 做冲击试验时,试样承受的载荷是　B　。

　　A. 静载荷　　　　　　　B. 冲击载荷

2. 为下列零件正确选材:机床床身用　D　;汽车后桥外壳用　C　;柴油机曲轴用　B　;排气管用　A　。

　　A. RuT300　　　　B. QT700-2　　　　C. KTH350-10　　　　D. HT300

3. 将相应牌号填入空格内。硬铝:　C　;防锈铝:　B　;超硬铝:　E　;铸造铝合金:　D　;铅黄铜:　A　;铍青铜:　F　。

　　A. HPb59-1　　　　B. 5A05(LF5)　　　　C. 2A06(LY6)　　　　D. ZAlSi12

　　E. 7A04(LC4)　　　　F. QBe2

4. 5A03(LF3)是　B　铝合金,属于热处理　D　的铝合金。

　　A. 铸造　　　　　　　B. 变形　　　　　　　C. 能强化　　　　　　　D. 不能强化

5. 为了改善高碳钢($w_C > 0.6\%$)的切削加工性能,一般选择　A　作为预备热处理。

　　A. 退火　　　　　　　B. 淬火　　　　　　　C. 正火　　　　　　　D. 回火

6. 调质处理就是　A　的复合热处理工艺。

　　A. 淬火＋高温回头　　　B. 淬火＋中温回火　　　C. 淬火＋低温回火

7. 化学热处理与表面淬火的基本区别是　C　。

　　A. 加热温度不同　　　　B. 组织有变化　　　　C. 改变表面化学成分

8. 阴极区的温度是　A　,阳极区的温度是　B　,弧柱区的温度是　C　。

　　A. 2400K 左右　　　　B. 2600K 左右　　　　C. 6000～8000K

9. 后角 α_0 是在　A　中测量的后面与切削平面构成的夹角。

　　A. 正交平面　　　　　　B. 切削平面　　　　　　C. 基面

五、简答题(每题 3 分,共 15 分)

1. 铸造生产有哪些特点?

答:(1) 铸造可以生产复杂形状的铸件。

(2) 铸造可适用于多种金属材料。

(3) 铸造生产成本相对低廉,设备比较简单。

2. 确定始锻温度的原则是什么?

答:确定始锻温度的原则是在锻件不出现过热(或过烧)的前提下,应尽量提高始锻温度,以增加坯料的塑性和韧性,降低坯料的变形抗力,以利于锻造成型加工。

3. 刀具材料应具备哪些基本性能?

答:刀具材料必须具有高硬度、高耐磨性、高热硬性、良好的化学稳定性、足够的强度与韧性、良好的热塑性、磨削加工性、焊接性及热处理工艺性等。

4. 粗车、半精车、精车和精细车的目的是什么？

答：粗车的目的是迅速地切去毛坯的硬皮和大部分加工余量，提高生产率；半精车的目的是切除粗加工后留下的误差，使工件达到一定精度要求，并为精车作准备；精车的目的是满足工件较高的加工精度；精细车的目的是满足高精度工件的加工需要。

5. 划分零件加工工艺过程的目的是什么？

答：划分零件加工工艺过程的目的如下。

（1）为了保证加工质量，便于合理安排热处理工序。

（2）有利于合理使用现有设备、人力和物力，以便科学有效地组织生产过程。

（3）能够及时地对工件进行检验，及早地发现加工过程中存在的缺陷。

（4）有利于保护精加工面。

六、观察与思考题（共 5 分）

观察机床传动齿轮零件（见图 4-2-1），分析其制作材料和性能（使用性能和工艺性能），它们选用哪些锻造方法生产？

答：机床传动齿轮要求韧性好、强度高、硬度适中、锻造性能好，通常采用 45 号钢制造，由于其生产批量不大，通常采用自由锻或胎模锻。

图 4-2-1　机床传动齿轮

_____学校

20 —20 学年　学期　金属加工与实训——基础常识与技能训练
模拟试卷 C

专业_____　班级_____　姓名_____　学号_____

题号	一	二	三	四	五	六	七	八	总分
题分	10	40	10	20	15	5			100
得分									

一、名词解释（每题 2 分，共 10 分）

1. 非铁金属
非铁金属（或称有色金属）是指除铁、铬、锰以外的所有金属及其合金。

2. 使用性能
使用性能是指机械零件在使用条件下，金属材料表现出来的性能。

3. 强度
强度是金属材料在力的作用下，抵抗永久变形和断裂的能力。

4. 屈服强度
试样在拉伸试验过程中力不增加（保持恒定）仍然能继续伸长（变形）时的应力称为屈

服强度。

5. 疲劳

金属零件在循环应力作用下,在一处或几处产生局部永久性累积损伤,经一定循环次数后产生裂纹或突然发生完全断裂的过程,称为疲劳(或称疲劳断裂)。

二、填空题(每空 1 分,共 40 分)

1. 非铁金属按熔点的高低分类,可分为 __易__ 熔金属和 __难__ 熔金属。

2. 根据载荷对杆件变形的作用,可将载荷分为 __拉伸__ 载荷、压缩载荷、__弯曲__ 载荷、剪切载荷和扭转载荷等。

3. 金属材料的力学性能指标可分为 __强度__ 、__塑性__ 、__硬度__ 、韧性和疲劳强度等。

4. 按使用时的组织特征分类,不锈钢可分为 __铁素体__ 型不锈钢、__奥氏体__ 型不锈钢、__马氏体__ 型不锈钢、奥氏体-铁素体型不锈钢和沉淀硬化型不锈钢五类。

5. 钢的耐热性包括钢在高温下具有 __抗氧化性__ 和 __高温热强性__ 两个方面。

6. 常用的合金铸铁有 __耐磨__ 铸铁、__耐热__ 铸铁及 __耐蚀__ 铸铁等。

7. 铸造铝合金主要有 __Al-Si__ 系、__Al-Cu__ 系、__Al-Mg__ 系和 __Al-Zn__ 系等合金。

8. 普通白铜是由 __铜__ 和 __镍__ 组成的铜合金;在普通白铜中再加入其他元素形成的铜合金称为 __特殊__ 白铜。

9. 常用的滑动轴承合金有 __锡__ 基、__铅__ 基、__铜__ 基、__铝__ 基滑动轴承合金等。

10. 工程材料按其组成特点进行分类,可分为 __金属__ 材料、__非金属__ 材料、__有机__ 高分子材料和复合材料四大类。

11. 热处理按其工序位置和目的的不同,可分为 __预备__ 热处理和 __最终__ 热处理。

12. 清理的主要任务是去除铸件上的 __浇注__ 系统、__冒__ 口、型芯、粘砂以及飞边毛刺等部分。

13. 对冷变形后的金属进行加热时,金属将相继发生 __回__ 复、__再__ 结晶和晶粒长大三个变化。

14. 通过改变氧气和乙炔气体的体积比,可得到 __中性__ 焰、__碳化__ 焰和 __氧化__ 焰三种不同性质的气焊火焰。

15. 在数控加工程序中,需要使用 __M__ 指令和 __G__ 指令来描述工艺过程的各种操作和运动特征。

三、判断题(请用"×"或"√"判断,每题 1 分,共 10 分)

1. 洛氏硬度值是根据压头压入被测金属材料的残余压痕深度增量来确定的。 (√)

2. 金属材料疲劳断裂时不产生明显的塑性变形,断裂是突然发生的。 (√)

3. 3Cr2W8V 钢一般用来制造冷作模具。 (×)

4. 软磁钢是指钢材容易被反复磁化,并在外磁场除去后磁性基本消失的特殊物理性能钢。 (√)

5. 变形铝合金不适合于压力加工。　　　　　　　　　　　　　　　　　(×)

6. 钢材适宜切削加工的硬度范围一般是 170～270HBW。　　　　　　　　(√)

7. 球化退火主要用于过共析钢和共析钢制造的刃具、风动工具、木工工具、量具、模具、滚动轴承件等。　　　　　　　　　　　　　　　　　　　(√)

8. 零件、模样和铸件三者之间没有差别。　　　　　　　　　　　　　　(×)

9. 形状复杂的锻件锻造后不应缓慢冷却。　　　　　　　　　　　　　　(×)

10. 硬质合金允许的切削速度比高速钢低。　　　　　　　　　　　　　　(×)

四、单项选择题(每空 1 分,共 20 分)

1. ＿B＿ 硬度主要用于直接检验成品或半成品的硬度,特别适合检验经过淬火的零件。

　　A. 布氏　　　　　　　　B. 洛氏

2. 将下列合金钢牌号进行归类。耐磨钢: ＿B＿ ;合金弹簧钢: ＿A＿ ;合金模具钢: ＿C＿ ;不锈钢: ＿D＿ 。

　　A. 60Si2Mn　　　　B. ZGMn13-2　　　　C. Cr12MoV　　　　D. 10Cr17

3. 为下列零件正确选材:轧辊用 ＿C＿ ;炉底板用 ＿B＿ ;耐酸泵用 ＿A＿ 。

　　A. HTSSi11Cu2CrRE　　B. HRTCr2　　　　C. 抗磨铸铁

4. 将相应牌号填入空格内。普通黄铜: ＿A＿ ;特殊黄铜: ＿C＿ ;锡青铜: ＿B＿ 。

　　A. H90　　　　　　　　B. QSn4-3　　　　C. HA177-2

5. 感应淬火时,如果钢件表面的淬硬层深度要求较大(大于 10mm)时,可选择 ＿C＿ 。

　　A. 高频感应淬火　　　B. 中频感应淬火　　　C. 工频感应淬火

6. 零件渗碳后,一般需经 ＿B＿ 处理,才能达到表面高硬度和高耐磨性目的。

　　A. 正火　　　　　　B. 淬火＋低温回火　　C. 调质

7. 各种卷簧、板簧、弹簧钢丝及弹性元件等,一般采用 ＿B＿ 进行处理。

　　A. 淬火＋高温回头　　B. 淬火＋中温回火　　C. 淬火＋低温回火

8. 焊接不锈钢结构件时,应选用 ＿C＿ 。

　　A. 铝及铝合金焊条　　B. 结构钢焊条　　　　C. 不锈钢焊条

9. 气焊低碳钢时应选用 ＿A＿ ,气焊黄铜时应选用 ＿B＿ ,气焊铸铁时应选用 ＿C＿ 。

　　A. 中性焰　　　　　　B. 氧化焰　　　　　　C. 碳化焰

10. 粗加工时,后角一般取 $\alpha_0 = $ ＿A＿ ;精加工时,后角一般取 $\alpha_0 = $ ＿B＿ 。

　　A. 5°～8°　　　　　　B. 8°～12°

五、简答题(每题 3 分,共 15 分)

1. 回火的目的是什么?

答:回火的主要目的是消除或减小钢件的内应力,稳定钢的内部组织,调整钢的性能以获得较好的强度和韧性配合。

2. 确定终锻温度的原则是什么?

答:确定终锻温度的原则是在保证锻造结束前锻件还具有足够的塑性和韧性,以及锻造后能获得再结晶组织的前提下,终锻温度应稍低一些。

3. 焊条的药皮有哪些作用?

答:药皮的主要作用是:(1)机械保护作用。(2)冶金处理和渗合金作用。(3)改善焊接工艺性能。

4. 铣削加工的工艺特点有哪些?

答:铣削应用广泛,生产率较高;铣刀散热条件较好;铣削加工质量不如车削加工质量高;铣床结构比较复杂,铣刀制造和刃磨较困难,铣削加工成本较高。

5. 插床与牛头刨床相比有何差别?

答:插床实际上是立式牛头刨床,它与牛头刨床的主要区别在于滑枕是直立的,主运动是插刀沿垂直方向作直线往复运动,插刀向下移动是工作行程,插刀向上移动是空行程。

六、观察与思考题(共 5 分)

观察健身哑铃(见图 4-3-1),分析健身哑铃可采用哪些铸造方法进行生产? 简述健身哑铃的铸造生产工艺流程。

答:健身哑铃可以采用分模造型方法铸造成型。健身哑铃的铸造生产工艺流程是:准备造型材料、准备模样、准备砂箱和工具、造下砂型、造上砂型、烘干、合型、浇注。

图 4-3-1 健身哑铃